图说
化学

紧扣学科课内知识点

走进
神秘的
化学

[新加坡] 新亚出版社 编著
吴国艳 译

华东理工大学出版社
EAST CHINA UNIVERSITY OF SCIENCE AND TECHNOLOGY PRESS

·上海·

图书在版编目（CIP）数据

走进神秘的化学 / 新加坡新亚出版社编著；吴国艳译 . — 上海：华东理工大学出版社，2023.7（2024.5重印）
（新加坡系列图书）
书名原文：O-Level Chemistry Learning Through Diagrams
ISBN 978-7-5628-7251-1

Ⅰ . ①走… Ⅱ . ①新… ②吴… Ⅲ . ①化学 – 青少年读物 Ⅳ . ①O6-49

中国国家版本馆 CIP 数据核字（2023）第 109260 号

著作权合同登记号：图字 09-2023-0001

....

策划编辑 / 郭 艳
责任编辑 / 郭晗铃
责任校对 / 石 曼
装帧设计 / 居慧娜 王吉辰
出版发行 / 华东理工大学出版社有限公司
　　　　　地　址：上海市梅陇路130号，200237
　　　　　电　话：021-64250306
　　　　　网　址：www.ecustpress.cn
　　　　　邮　箱：zongbianban@ecustpress.cn
印　　刷 / 上海邦达彩色包装印务有限公司
开　　本 / 710mm×1000mm　1/16
印　　张 / 7.75
字　　数 / 118千字
版　　次 / 2023年7月第1版
印　　次 / 2024年5月第4次
定　　价 / 35.00元

....

前 言

翻开这本书，它的内容真的很有趣：将抽象的化学知识和相关概念，通过生动形象的图像进行了呈现，使初学化学的学生一看就懂，能够帮助学生更轻松、更有效地获取化学知识。

本书有以下 5 大特点：

体系化的章节编排

本书分为三大篇章，分别介绍了基本化学概念、反应原理和物质性质，内容贴近初中化学课标，包含了初中化学的主要知识点和部分高中化学知识点。

本书既适合小学高年级或初中低年级的学生在学习化学前，作为入门类科普图书学习使用，帮助他们提前了解初中化学课程体系；也适合初三的学生在学习新课时，作为补充资料使用，借助图像帮助他们进一步体会化学知识。

有趣的知识图解

本书包含 120 幅图，比如实物图、概念图、流程图、原理图等，这些图使得复杂抽象的化学知识变得直观明了、有趣易懂，即使是尚未接触过化学的学生也能轻松理解。

真实的情境设置

书中的例子将向学生展示化学知识在实际生活中的应用，揭示日常生活中让学生充满疑问的现象的奥秘，拉近课本知识和我们的日常生活的距离。

完整的案例解析

精心安排、完整详细的案例解析将帮助学生轻松掌握解决问题的技巧和步骤。

每个章节最后的"学以致用",利用生活生产以及前沿科技成就等素材创设问题情境,让学生在解决问题的过程中,加深对知识的理解,培养学生综合运用知识并解决问题的能力。

贴心的知识点补充

书中设有"知识加油站"小板块,对一些名词术语、拓展内容进行相应的说明和补充,帮助学生对正在讨论的话题有更深入的了解。

总之,这本书是初学化学的学生的理想之选。它将以有趣的方式引导学生进入神秘的化学世界,为之后的学习打下坚实的学习基础,并激发学生对化学的好奇心和对科学的探索精神。

目 录

第一篇　打开化学之门

第二篇 揭秘化学反应

第4章 化学语言大揭秘

第5章 化学反应中的能量变化

第三篇 走进物质世界

第6章 空气组成的奥秘

添加小助手为好友
免费加入初中数理化答疑群

第一篇

打开化学之门

从基本的化学概念，到基本的实验操作，再到物质的基本构成，你将从这里开启神秘的化学世界的探索之路。

1.1　化学是什么

🧪 化学是什么？

欢迎来到化学的世界！化学与我们的生活息息相关，生活中的衣、食、住、行都离不开化学，离不开组成物质的化学成分。为了更好地研究**化学**，我们需要给它下个定义。

> **化学**是一门研究物质的组成、结构、性质和变化规律的学科。

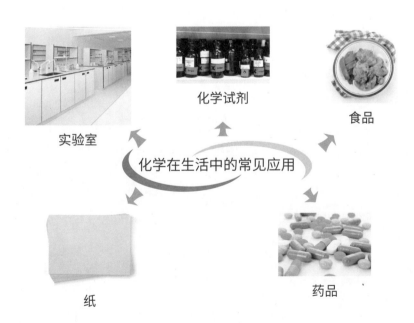

化学试剂

食品

实验室

化学在生活中的常见应用

纸

药品

学习化学，可以从事什么职业？

随着时代的发展，化学与生物、医药、环境、材料、地质等学科产生了密不可分的联系，出现了很多分支领域和跨学科领域。下面是一些与化学相关的职业。

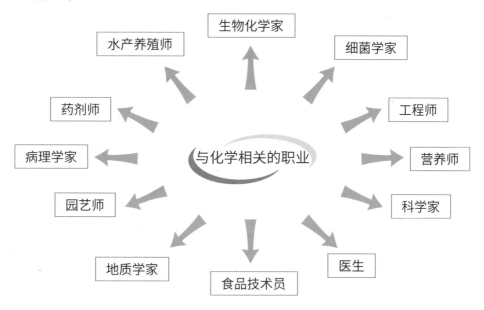

知识加油站

- 研究花卉、水果和蔬菜种植的园艺师会用到化学知识。在园艺师工作的过程中，往往需要施用肥料和农药，而肥料或农药的种类选择、使用方法、配比等都涉及化学知识。此外，植物病虫害的防治、植物必需的营养元素的及时补给等也需要化学知识的支撑。

- 研究地球起源、历史和内部结构的地质学家也会用到化学知识。化学知识能帮助地质学家更好地理解地球上的物质组成和演化过程，比如在探索地下矿藏时，地质学家需要了解矿物的化学特性和成因，才能更好地发掘和利用这些资源。

为什么要学化学?

　　化学化工产业与人类生活的方方面面都有着密切的联系，为社会的进步做出了巨大的贡献。比如化学肥料、农药帮助人类摆脱饥荒和粮食虫害，化学合成的药物协助医学家们攻克疾病难题，人工合成的塑料、橡胶等材料被制作成各种各样的产品。总的来说，化学化工产业为人类生活做出的贡献主要有以下四点。

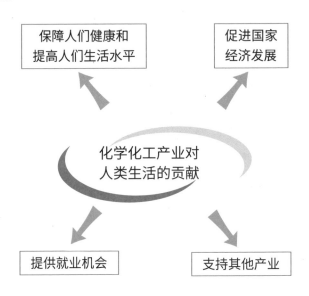

　　知识加油站

　　化学化工产业对我国的发展起着重要作用。化学化工产业包括石油化工、化学医药、农业化工和聚合物工业等。

1.2 科学研究的步骤

 如何进行化学研究?

与其他学科类似，我们在进行化学研究时，通常需要运用**科学研究方法**。

> **科学研究方法**是用以研究某种现象的系统性方法。

进行科学研究的步骤

①	观察现象	观察现象，收集信息。
②	初步推测	对某一现象做出合理推论或初步解释。
③	提出问题	根据推测提出问题。
④	做出假设	对自变量和因变量之间的关系做出大致假设。
⑤	识别变量	识别并确定实验中的自变量、因变量，以检验假设。
⑥	控制变量	确定如何调整自变量，如何测量因变量，以及如何保持其他的量不变。
⑦	规划实验	确定实验材料和仪器，实验步骤，以及分析和解释数据的方法。
⑧	收集数据	进行观察或测量，并系统地记录数据。
⑨	解读数据	整理和分析数据，绘制图表，找出各变量之间的关系。
⑩	归纳结论	对实验结果及假设是否被证实或证伪做出说明。
⑪	撰写报告	记录实验细节，传播实验成果，确定实验意义。

1.3 走进化学实验室

进入化学实验室要注意什么？

实验是科学研究必不可少的手段，为了能够安全地进行科学研究，我们必须遵守实验室规则。

实验室规则

应该	禁止
• 实验前请阅读所有的操作说明 • 混合或加热化学药品时应佩戴护目镜 • 实验后应清洗所有使用过的器皿，并放在指定位置 • 若出现药品溢出、容器破损或其他实验事故，请立即向老师报告	• 未经老师允许禁止进入实验室 • 禁止在实验室内饮食或玩耍 • 禁止直接闻或尝任何化学药品 • 禁止将实验后剩余的化学药品放回原瓶

常见的实验仪器

化学实验中会用到各种不同的实验仪器，这些实验仪器能支持实验的进行和数据的分析，下面是一些实验室中常用的仪器。

烧杯

试管

锥形瓶

三脚架

漏斗

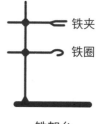

| 蒸发皿 | 酒精灯 | 圆底烧瓶 | 铁架台 |

铁夹
铁圈

 ## 哪些试剂比较危险？

在实验室中的试剂瓶上见到下面这些标志时，可要小心，避免受伤！

标志	应采取的预防措施	实例
	带有此标志的物质具有腐蚀性，皮肤接触后会出现疼痛或烧灼感，因此应避免此类物质直接接触皮肤，若意外接触，请立即用流水冲洗	强酸，如盐酸、稀硫酸；强碱，如氢氧化钠
	带有此标志的物质高度易燃，因此不应将此类物质靠近明火或正在加热的材料	如汽油、酒精
	带有此标志的物质具有放射性，接触此类物质时应穿戴防护装备，以阻挡辐射	如铀、钚
	带有此标志的物质是有毒或有害的，应避免直接接触或食用	如汞、氯气
	带有此标志的物质具有爆炸性，因此应妥善放置，并在处理此类物质时严格遵循使用规则	如黑火药、硝化甘油

1.4 物理变化与化学变化

物质世界中，万物都在不断地运动和变化着，而不同物质在不同的条件下会发生不同的变化。在化学学科中，我们按照"是否有新物质生成"这个标准将物质的变化分为以下两类。

物质的变化类型

❶ 物理变化　　❷ 化学变化

❶ 物理变化

日常生活中有很多常见的**物理变化**，比如冰的融化、天空中云的形成或将铜块拉成铜丝。这种变化通常是可以**逆转**的。

> 没有新物质生成的变化称为**物理变化**。

❷ 化学变化

常见的**化学变化**有蜡烛的燃烧、食物消化、光合作用、铁生锈等。与反应物相比，通过化学变化生成的新物质具有不同的物理和化学性质。这种变化通常是**不可逆**的。

> 有新物质生成的变化称为**化学变化**。

如何开始一个化学反应?

如果你想让物质发生化学反应，可以试试以下几种方式。

❶ 混合　　　　　❷ 点燃 / 加热

化学反应

❹ 通电　　　　　❸ 光照

❶　混合

- 中和反应：将酸溶液与碱溶液混合，两者会立即发生反应，并生成盐和水，这类反应称为中和反应。

> **例如**　将氢氧化钠碱溶液滴加到硝酸溶液中发生中和反应：氢氧化钠 + 硝酸 ⟶ 硝酸钠 + 水。

❷　点燃 / 加热

- 燃烧：将可燃物在氧气中点燃，反应中会产生光和热量。

> **例如**　碳在氧气中充分燃烧：碳 + 氧气 $\xrightarrow{\text{点燃}}$ 二氧化碳。

- 热分解：这是由一种物质分解生成两种或两种以上其他物质的过程。

> **例如**　碳酸钙在高温下受热分解：碳酸钙 $\xrightarrow{\text{高温}}$ 氧化钙 + 二氧化碳。

❸ 光照

- 银盐的分解：银盐暴露在光线下会分解，生成银颗粒从而变黑。

  例如 溴化银见光易分解，在摄影胶片表面涂上含溴化银晶体的化学药品，当胶片暴露在明亮的光线下时，溴化银便分解出银（暗区）。此时，胶片上便形成了图像。

- 光合作用：光合作用是绿色植物在光的作用下，利用二氧化碳和水生成有机物的过程。

❹ 通电

- 电解：物质通电后可以被分解成更简单的物质，这一过程称为**电解**。

  例如 水的电解：水 $\xrightarrow{\text{通电}}$ 氢气 + 氧气。

我国有着历史悠久的酿酒文化，酒是中国人餐桌上不可缺少的饮品之一。那你知道酒是如何酿造的吗？

在我国古代，酒的生产主要经过"蒸煮—发酵—蒸馏"三个步骤。首先，选择合适的粮食作为原料，放进锅中蒸煮。接着，将酒曲拌入煮熟的粮食中，放入地窖中进行发酵，粮食中的淀粉在酒曲的催化作用下逐渐转化为酒精。最后，对发酵后的混合液进行加热蒸馏，酒精在特定温度下会变为气体溢出，再经过冷凝、调配就成了我们现在餐桌上喝的酒。

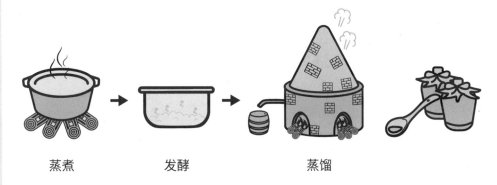

蒸煮   发酵   蒸馏

生活中，我们能够买到 3 度～5 度的啤酒、11 度～15 度的红酒，甚至 20 度以上的白酒。那这些酒的度数具体指什么呢？其实，酒的度数指的就是酒中酒精（乙醇）的体积分数。室温下，某白酒每 100mL 中的乙醇含量为 40mL，这种酒的度数就是 40 度，度数越高，酒精的含量也就越高。

（1）酒的酿造过程中，哪些步骤是化学变化？并写出你的理由。

_____

（2）酒的酿造过程中，哪些步骤是物理变化？并写出你的理由。

_____

（3）某白酒瓶上标注的度数为 38 度，现有这种白酒 350mL，其中酒精的体积为 ____ mL。

2.1 过滤与蒸发

🧪 **什么是过滤?**

　　过滤是一种常见的物质的提纯方法,生活中我们常用这种方法把茶叶和茶水分离开。在化学实验室中,我们应该如何进行规范的**过滤**操作呢?

> 过滤是分离固体和液体的操作方法。

- **过滤**一般用于从**液体中**分离**难溶性**固体。
- 难溶性固体作为**滤渣**留在滤纸上,通过漏斗的液体被收集起来,这种液体被称为**滤液**。

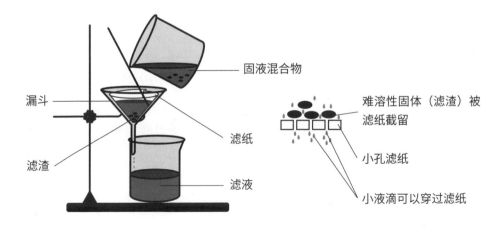

固液混合物

漏斗

滤纸

滤渣

滤液

难溶性固体（滤渣）被滤纸截留

小孔滤纸

小液滴可以穿过滤纸

知识加油站

其实人体内也有"过滤器"——肾脏，人体内的废物和多余的水分经肾脏过滤后，以尿液的形式排出。

 ## 什么是蒸发?

大家一定见过自然界中的蒸发现象，比如湿毛巾和湿衣服晾晒一段时间后就干了，水被煮沸时表面不断地冒出水蒸气。在化学中，常常会用到蒸发操作对物质进行提纯，让我们看看实验室中是如何进行**蒸发**操作的。

蒸发是通过加热使溶液中的溶剂（如水）汽化从而变成水蒸气被除去的操作方法。

- **蒸发**一般用于非挥发性溶质的溶液中溶质与溶剂的分离。
- 随着溶剂的蒸发，溶质作为**残留物**留在蒸发皿中。

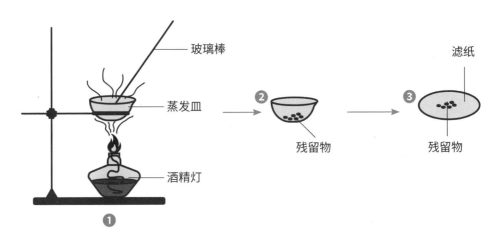

① 将蒸发皿放在酒精灯上方，将溶液倒入蒸发皿中，加热使溶液中的溶剂蒸发。

② 残留物是溶质。

③ 用蒸馏水清洗残留物，并放在滤纸上干燥，获得较为纯净的样品。

什么是结晶？

在生产生活中，我们有时需要把晶体从溶液中提取出来。从古代开始，我国劳动人民就尝试使用风吹、日晒的方法从海水中提取食盐，这个操作称为**结晶**。

晶体从溶液中析出的过程称为**结晶**。

- **结晶**用于分离溶液中的**可溶性**固体。

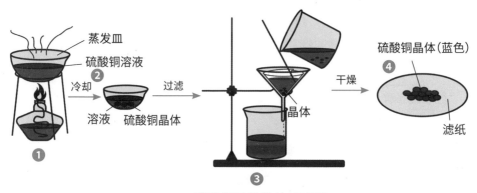

硫酸铜晶体的结晶过程

❶ 将溶液倒入蒸发皿中加热至饱和状态。

❷ 将饱和溶液冷却至室温，硫酸铜晶体逐渐从溶液中析出，并将冷却后的固液混合物转移至烧杯中。

❸ 过滤该固液混合物。

❹ 将滤出的硫酸铜晶体放到滤纸上干燥。

 **知识加油站**

在加热过程中，溶液中有晶体析出，即说明溶液达到了饱和状态。饱和溶液是指在一定条件下，一定量的溶剂中不能再溶解某种溶质的溶液。

2.2 蒸馏与分馏

 什么是蒸馏?

一锅水煮沸后静置一段时间，会发现锅盖上凝结着一些水滴，这些水滴就是我们常说的蒸馏水。在实验室中，我们可以使用蒸馏的操作方法来获取蒸馏水，**蒸馏**是一种重要的物质提纯方法。

> **蒸馏**是指将液体加热汽化，汽化的蒸气重新冷凝成液体的操作。

- **简单蒸馏法**用于分离两种或两种以上沸点差别较大的液体。
- 煮沸溶液使沸点较低的成分汽化。
- 蒸气在冷凝管中经冷水冷却，冷凝成液体（馏出液）后收集到烧杯或锥形瓶等容器中。

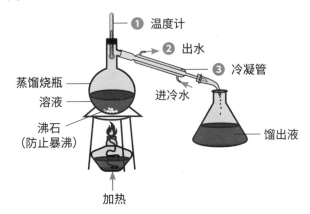

- ① 温度计
- ② 出水
- ③ 冷凝管
- 蒸馏烧瓶
- 溶液
- 进冷水
- 沸石（防止暴沸）
- 馏出液
- 加热

① 温度计的水银球应放在蒸馏瓶支管口旁，以便监测蒸气的温度。

② 冷水从冷凝管底部进入，从顶部流出。

③ 放置冷凝管时应使其向下倾斜，以便冷凝后的液体自然流入锥形瓶中。

什么是分馏?

如果一种液体混合物由多种成分组成，比如石油，那应该采取什么操作才能把想要的汽油、柴油等成分从石油中提取出来呢? 这就要用到**分馏**操作了。

分馏是分离几种沸点不同的液体混合物的一种方法。

- 煮沸液体混合物，让沸点最低的成分汽化。
- 当液体混合物的蒸气进入分馏柱时，开始冷凝。沸点较高的或挥发性较低的成分的蒸气被冷凝成液态，重新流回烧瓶。
- 沸点较低的或挥发性较强的成分的蒸气沿分馏柱继续上升，不同的成分逐渐分离，沸点较低的成分的蒸气进入冷凝管，在冷凝管中冷凝后收集得到馏出液。

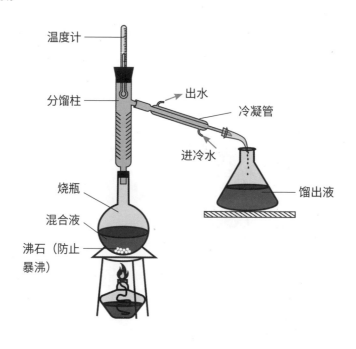

温度计

分馏柱

出水

冷凝管

进冷水

烧瓶

混合液

沸石（防止暴沸）

馏出液

2.3 石油的分馏

 从石油分馏塔中能获得哪些有用的馏分?

将石油加热至沸腾，再通过石油分馏塔，就可以获得不同沸点的产品，这些产品与我们的生活息息相关。让我们看看究竟能从石油分馏塔里获得什么吧!

- 石油中的主要成分为烃（只含有碳和氢两种元素的有机物），是常用的能源物质。
- 可以通过**分馏法**从石油中分离得到有用的馏分。
- 不同的馏分有着不同的性质，从而有着不同的用途。

石油的分馏过程	馏分名称	分子中的碳原子数	沸点范围	馏分的用途
石油分馏塔	石油气	1~4	-160~20 ℃	石油气中的甲烷是常见的气体燃料；丁烷是容易液化的便携式能源，常用于烹饪的瓶装气体燃料
	汽油	5~12	20~200 ℃	汽车燃料
	石脑油	7~13	60~180 ℃	化学原料的主要来源，用于生产各种有机化合物，如塑料和洗涤剂，裂化后可以产生更多汽油和烯烃
馏分升得越高，沸点越低，黏度越小，分子中碳原子数越少，挥发性更强，更易被点燃	煤油	12~16	175~300 ℃	家用燃料、喷气式发动机燃料
	柴油	15~18	250~400 ℃	汽车和大型车辆的燃料
	润滑油、石蜡	16~40	超过400 ℃	制作润滑油、透明蜡和抛光剂的原料
石油 → 加热器(400 ℃)	沥青	40 以上	超过400 ℃	冷却后可形成厚实坚韧、耐腐蚀的黑色黏合剂，可用于黏合路面上的岩石碎片

宋应星的《天工开物》中设《海水盐》篇，介绍了我国沿海居民海滩晒盐的生产实践活动，我国至今仍有古代保存下来的千年古盐田。古代人们制海盐一般包括晒盐、淋洗和煎炼三个步骤。

晒盐　　　　　　　　淋洗　　　　　　　　煎炼

第一步晒盐，人们把海水引入盐田，利用日光、风力来蒸发浓缩海水，使盐结晶从海水中析出。第二步淋洗，将结晶的盐置于芦苇席上用海水淋洗，盐会溶解成为盐水进入深坑，而不溶性杂质会被留在芦苇席上，从而使盐进一步纯化。第三步煎炼，煎炼是将盐水放入大盆中加热，同时加入豆汁或蛋清，其加热产生的泡沫会吸附盐水中的杂质，使盐水变澄清。之后继续加热，使水分不断蒸发，大盆里留下白色固体，就是粗盐。

（1）"淋洗"和实验室中的"过滤"一样，都是为了除去溶液中_____杂质，在实验室的过滤操作中必须要用到的玻璃仪器有_____、玻璃棒和_____。芦苇席相当于"过滤"操作中的_____。

（2）"煎炼"和实验室的_____操作原理相同。此步骤中析出氯化钠的盐水属于_____（选填"饱和"或"不饱和"）溶液。

3.1 扩散

什么是扩散？

我们经过餐厅时能闻到食物的香味，加了糖块的水整杯会变甜，这些现象都是因为构成物质的微粒一直都在不断地运动着。在化学实验室里，我们可以通过观察"**扩散**"这一现象直观地看到微粒的运动。

扩散是指一种物质的分子在另一种物质的分子之间移动。物质的扩散在气体中发生得最快，在液体中较慢，在固体中最慢。

溴蒸气的扩散

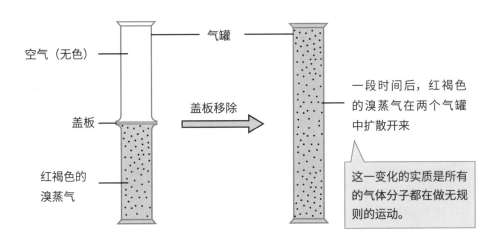

空气（无色）

气罐

盖板

红褐色的溴蒸气

盖板移除

一段时间后，红褐色的溴蒸气在两个气罐中扩散开来

这一变化的实质是所有的气体分子都在做无规则的运动。

3.2 物质的三态变化

 显微镜下物质的三态

我们都知道物质有三种状态，即**固态、液态**和**气态**。物质在三种状态下的物理性质以及微观实质分别如下表所示。

	固态	液态	气态
物理性质	• 固定的形状和体积 • 不容易压缩 • 通常需要较强的外力才能改变形状 • 通常非常坚硬、紧实 • 密度较大	• 有固定的体积，但形状不固定 • 密度较大 • 不容易压缩	• 没有固定的形状或体积 • 密度较小 • 可压缩
微观实质	• 微粒**紧密结合**，排列**有序** • 紧密结合的微粒导致固体的**密度较大** • 微粒只在它们的**固定**位置上**振动** • 微粒被**巨大的作用力**黏合在一起，因此固体具有固定的形状和体积	• 与固体相比，液体微粒的间距**较大**，并且可以在容器中自由移动，因此液体没有固定的形状	• 气体微粒的间距**很大**，微粒间的作用力几乎可以忽略不计 • 气体微粒会占据任何可用的空间，因此**密度较小**，没有固定的形状或体积 • 气体微粒以非常快的速度做**永不停息的无规则运动**

 知识加油站

布朗运动

• 悬浮在液体或气体中的固体小颗粒所做的永不停息的无规则运动即布朗运动。

- 由于气体或液体微粒从各个方向不停地撞击，而使悬浮的固体小颗粒进行**无规则的随机**运动。

- 若所处环境的温度变高，气体或液体微粒从周围环境中获得了更多能量，从而对悬浮的固体小颗粒的撞击变得更有力、更频繁，因此可以观察到悬浮的固体小颗粒的移动**速度更快，方向改变也更频繁**。

 ## 生活中常见的物态变化

物质的状态随着外界条件如温度、压强的变化而发生改变。通过对物态变化的研究，我们可以更深入地认识物质的性质，并应用到实际生活中。

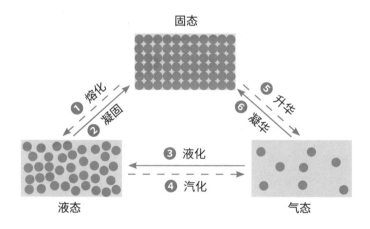

❶ 熔化

物质由固态变为液态的过程叫熔化，熔化过程中会吸收热量。

例如

◆ 将冰块放在室温下，随着温度的升高，固体的冰块逐渐熔化成液态的水。

> ◆ 在制作各种各样的金属器件时，我们往往会先将金属熔化成液体，再倒进模具中以获得需要的形状。

❷ 凝固

物质由液态变成固态的过程叫凝固，液体在凝固的过程中会释放热量。

> **例如**
> ◆ 当水的温度到达 0℃以下，液态水会凝结成固态的冰。
> ◆ 当火山爆发时，灼热的岩浆从火山口喷出，在接触大气后会逐渐凝固成坚硬的岩石。

❸ 液化

物质从气态变为液态的过程叫液化，在气体液化的过程中会释放热量。

> **例如**
> ◆ 从冰箱中拿出冷藏的水果，不一会儿水果表面会出现小水滴，这是由于空气中的水蒸气液化成了水。
> ◆ 工业上常常通过加压降温的方法，让氧气变为液态氧装入钢瓶中，从而方便运输。

❹ 汽化

物质从液态变为气态的过程叫汽化，蒸发和沸腾是汽化的两种常见方式。

> **例如**
> ◆ 当我们把洗好的衣服晾晒在阳台上，衣服会逐渐变干，这是由于衣服中的水蒸发了。
> ◆ 烧水至水的沸点，此时液态的水变为水蒸气，这是沸腾。

⑤ **升华**

物质从固态直接变为气态的过程叫做升华，在升华的过程中会吸收热量。

例如

◆ 干冰在常温下直接从固体变为气体，并吸收热量，降低环境温度，常用于食物保鲜。

◆ 给灯泡中的钨丝通电，表面的钨丝被加热至高温，从固态变成气态。

⑥ **凝华**

从气态直接变成固态的过程称为凝华，在凝华的过程中会释放热量。

例如

◆ 在冬天，我国北方树枝上的雾凇就是由水蒸气直接凝结而成的。

◆ 实验室中，冷却碘蒸气，它会直接从气态变为紫黑色的晶体。

3.3 物质的分类

如何给物质分类？

就像我们进入学校后要分年级学习一样，为了更好地研究物质的性质、组成和变化等规律，我们也需要对物质进行分类，从而厘清成千上万种物质之间的联系和区别。

❶ **纯净物**是由一种物质组成的，组成固定，纯净物包含单质和化合物。

❷ **单质**是指仅由一种元素组成的纯净物。

❸ **化合物**是指含有两种或两种以上元素的纯净物，化合物中的原子或离子通过化学键相连。

❹ **混合物**是由两种或两种以上的物质组成的，物质之间没有化学键。

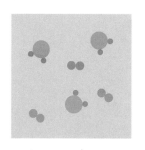

由单质和化合物组成的混合物

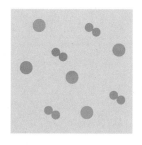

由两种单质组成的混合物

化合物和混合物的区别

化合物	混合物
化合物是纯净物，化合物中的元素不能用物理方法分离	混合物中的成分一般可以通过物理方法分离
化合物中各元素的质量比是固定的	混合物中各物质的质量比是可变的
有固定的熔点和沸点	没有固定的熔点和沸点

 ## 单质可以再分类吗？

我们赖以生存的氧气是一种单质，日常生活中最常用的金属铁也是单质，显然单质之间的性质有着巨大的差别。单质可进一步分为两大类，**金属单质**和**非金属单质**，它们具有不同的性质，这也决定了它们在日常生活中的不同用途。

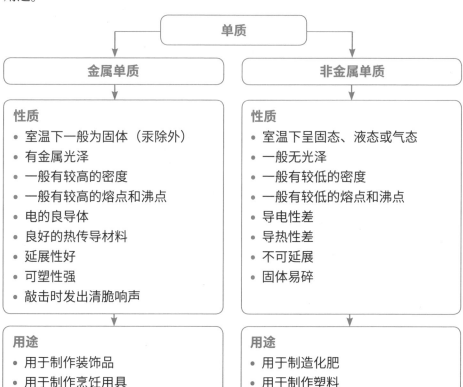

3.4 物质的构成

物质是由什么构成的?

学习完物质的分类后，我们再来思考物质的构成问题。人类只有解决了这个问题，才能根据自己的需求研发出想要的新材料或新药品。让我们一起揭开**物质**构成的面纱。

物质是任何有质量并占据空间，且由原子、分子或离子依据某种规则或形式组合而成的物体。

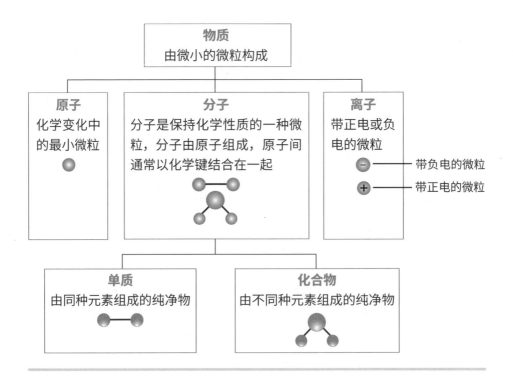

物质
由微小的微粒构成

原子
化学变化中的最小微粒

分子
分子是保持化学性质的一种微粒，分子由原子组成，原子间通常以化学键结合在一起

离子
带正电或负电的微粒

— 带负电的微粒
— 带正电的微粒

单质
由同种元素组成的纯净物

化合物
由不同种元素组成的纯净物

3.5 原子与离子

原子是实心的球体吗？

原子是实心的球体吗？这个困扰了科学家多年的问题，经过科学家们不懈的努力和精密的实验后有了初步答案，原子的内部结构也逐渐清晰地展现在了人们的面前。让我们一起跟随科学家们的脚步，看看他们是怎样一步步接近事实的真相的。

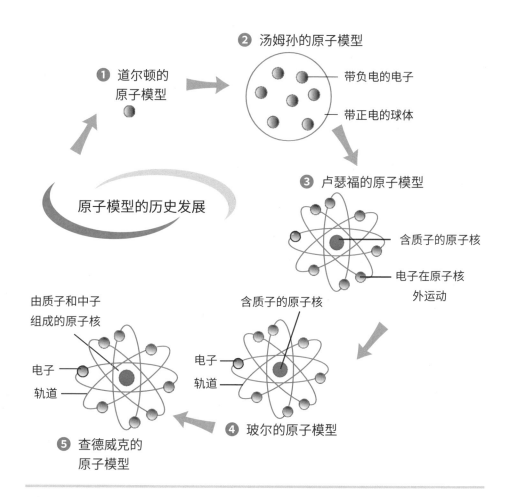

❶ 道尔顿的原子模型

❷ 汤姆孙的原子模型
— 带负电的电子
— 带正电的球体

原子模型的历史发展

❸ 卢瑟福的原子模型
— 含质子的原子核
— 电子在原子核外运动

由质子和中子组成的原子核

电子轨道

含质子的原子核

电子轨道

❹ 玻尔的原子模型

❺ 查德威克的原子模型

❶ 道尔顿的原子模型

原子被想象成一个小的、不可分割的球体，类似于一个非常小的球。

❷ 汤姆孙的原子模型

原子被描述为一个带正电的球体，一些带负电的微粒均匀地嵌在这个球体中，称为**电子**。

❸ 卢瑟福的原子模型

原子的质子和中子都集中在一个很小的中心区域中，这个区域称为**原子核**，原子的大部分质量集中在原子核上，而电子则在核外的球形空间中运动。

❹ 玻尔的原子模型

原子中的电子在原子核周围的特定的轨道上运动。

❺ 查德威克的原子模型

发现原子核中的中性微粒，称之为中子。

原子的结构是什么样的？

看完了科学家们探索原子结构的历程，你能总结出原子内部有哪些微粒吗？这些微粒又有哪些性质呢？下图可以解答这两个问题。

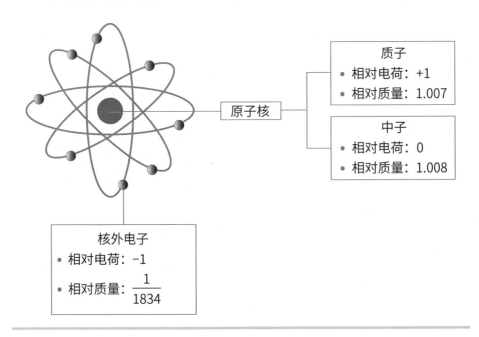

质子和中子的相对质量都约为 1，相对质子和中子来说，电子的质量几乎忽略不计。而原子核由质子和中子组成，所以原子大部分的质量都集中在原子核上。

 ## 元素符号角标代表的含义是什么？

在化学中，我们习惯用角标在元素符号上标明原子内部微粒的数量，如图所示，这样就能轻松读出这个原子的质量数和质子数，并通过简单计算得到中子数。

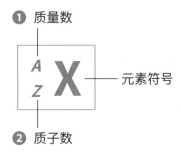

❶ 质量数

^A_Z **X** ——元素符号

❷ 质子数

❶ 质量数是指原子核中质子数和中子数之和。

$$质量数 = 质子数 + 中子数$$

❷ 质子数是指原子核中质子的数量，原子序数在数值上等于质子数。

 ## 原子的核外电子是如何排布的？

每个原子都含有若干个电子，它们围绕着原子核高速运动，并在核外分层排布，那么电子是如何在各个电子层中排布的？每个电子层可以容纳多少个电子？让我们一起寻找核外电子排布的规律吧！

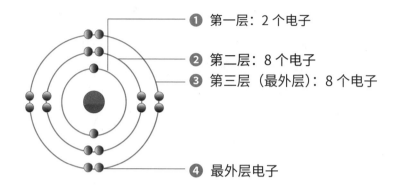

① 第一层：2 个电子

② 第二层：8 个电子

③ 第三层（最外层）：8 个电子

④ 最外层电子

① 第一层是离原子核最近的电子层。这个电子层最多可以容纳 2 个电子，并首先被填充。

② 第二层最多可以容纳 8 个电子。

③ 第三层最多可以容纳 18 个电子，第 n 层最多可以容纳 $2n^2$ 个电子。

④ 最外层最多只能容纳 8 个电子（电子层只有一层时，最外层的电子数不超过 2 个），倒数第二层最多只能容纳 18 个电子，倒数第三层最多只能容纳 32 个电子。

知识加油站

我们通常用原子结构示意图来表示核外电子的排布。如图所示为 X 元素的原子符号，由于 X 原子呈电中性，所以核外带负电的电子的数量与带正电的质子的数量相同，都为 11。则

$$\begin{matrix} 23 \\ 11 \end{matrix} X$$

按上述规律，X 原子的原子结构示意图为 +11 2 8 1。

离子是如何形成的？

值得注意的是，原子核外的电子数并不是固定不变的，由于外界条件的改变，原子会失去或得到带负电的电子，形成带电微粒，就是我们所说的离子。

原子失去电子变成
带正电的阳离子

原子得到电子变成
带负电的阴离子

铝离子（Al^{3+}）的形成

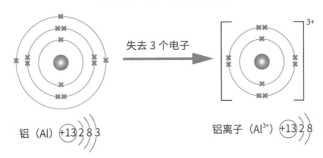

氧离子（O^{2-}）的形成

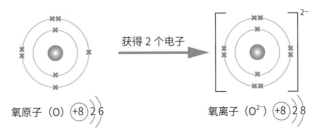

氟离子（F$^-$）的形成

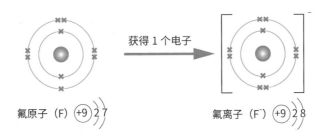

离子键和离子有着密切的联系，离子键存在的前提是要有离子，离子通过离子键构成物质。阳离子和阴离子互相吸引，形成一种稳固的相互作用力，这就是我们所说的<u>离子键</u>。

阳离子、阴离子之间由于静电作用所形成的化学键称为离子键。

氯化钠（NaCl）的形成

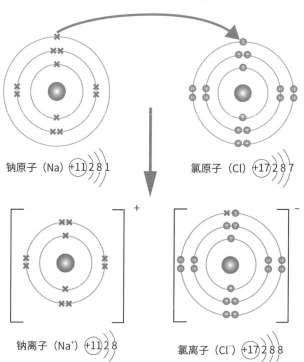

钠原子（Na）+11 2 8 1　　氯原子（Cl）+17 2 8 7

钠离子（Na⁺）+11 2 8　　氯离子（Cl⁻）+17 2 8 8

3.6 相对原子质量

 如何表示微粒的质量？

知道了常见微粒的结构，我们再来学习微粒的质量的表示方法。微粒的质量实在是太小了，如果用克表示，那会给计算带来不便。为了简化运算，科学家们引入了相对质量的概念，将微粒的质量与碳 12 原子质量的 $\frac{1}{12}$ 相比所得的比值就是相对原子质量。

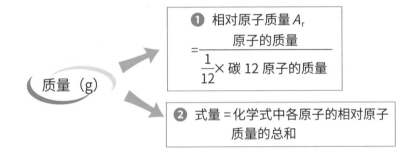

❶ 相对原子质量 A_r

$$=\frac{\text{原子的质量}}{\frac{1}{12}\times \text{碳 12 原子的质量}}$$

质量（g）

❷ 式量 = 化学式中各原子的相对原子质量的总和

❶ 相对原子质量是指该原子的质量与碳 12 原子质量的 $\frac{1}{12}$ 的比值，相对原子质量没有单位。

　　例如 氧原子（O）的相对原子质量是 16，这就意味着一个氧原子的质量是 $\frac{1}{12}$ 个碳 12 原子的质量的 16 倍。

❷ 式量是化学式中各原子的相对质量的总和。

　　例如 氨分子（NH_3）中氮原子（N）的相对原子质量为 14，氢原子（H）的相对原子质量为 1，所以氨分子的式量是 $14+1\times 3=17$。

3.7 初识元素周期表

元素周期表是如何诞生的?

19世纪初，随着科学技术的进步，新的元素不断被发现，科学家们开始寻找这些看似凌乱的元素之间是否在性质上存在一定的规律。

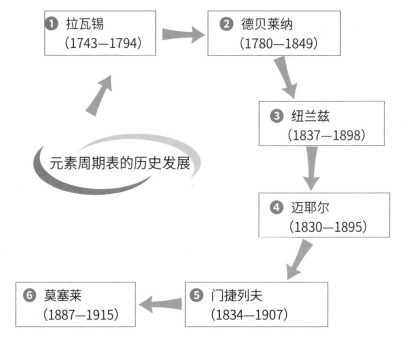

① 拉瓦锡
(1743—1794)

② 德贝莱纳
(1780—1849)

③ 纽兰兹
(1837—1898)

④ 迈耶尔
(1830—1895)

⑥ 莫塞莱
(1887—1915)

⑤ 门捷列夫
(1834—1907)

元素周期表的历史发展

① 拉瓦锡将物质分为两类：金属和非金属。

② 德贝莱纳以具有相似的化学性质为标准，将元素分为"元素组"。他将3种元素分为一组，每组元素具有相似的性质，称为"三元素组"。

③ 纽兰兹按照原子质量增加的顺序排列已知的元素。每种元素与表中往后数的第八种元素的性质相似，这被称为"八音律"。他是第一位发现元素性质存在周期性规律的化学家。然而由于只有前17种元素符合"八音律"的规律，他的这一发现并没有被广泛接受。

④ 迈耶尔绘制了所有已知元素的原子体积与质量的关系图，从而揭示了元素的性质随着元素质量的变化呈现出周期性变化的模式。

⑤ 门捷列夫按照原子质量增加的顺序排列元素，并按元素的化学性质进行分组。他能够预测未被发现的元素的性质，并在表中为尚未发现的元素留下了空白。门捷列夫绘制的元素周期表是现代元素周期表的蓝本。

⑥ 莫塞莱研究了元素的 X 射线光谱，并得出结论：质子数才是引起元素化学性质周期性变化的原因，而非原子质量。他将各元素按质子数量递增的顺序重新排列元素周期表。

 ## 元素周期表是什么样的?

经过不断的努力和修正，科学家们绘制出了现在大家所熟知的**元素周期表**。它不仅揭示了元素性质的周期性变化规律，而且还揭开了原子微观结构的奥秘。

> **元素周期表**是指按照质子数（原子序数）**递增**的顺序排列的元素列表。

- 元素周期表中同一纵列的元素被称为一个**族**，元素总共分为 18 个族。其中，第 1、2、13～17 列为**主族元素**，第 3～7、11、12 列为**副族元素**，第 8、9、10 列为第Ⅷ族元素，第 18 列为 0 族元素。同族的元素具有**相似**的化学性质。

- 元素周期表的一个横行为一个**周期**，共 7 行，即第一周期至第七周期。元素周期表左侧为金属元素（氢除外），右侧为非金属元素。每个周期从左到右，元素从金属变为非金属。

- 第 3～12 列元素被称为**过渡元素**。过渡元素原子的电子排列更复杂。过渡元素包含许多常见的金属，如铁、镍和铜。

元素周期表

原子序数 —— 元素符号
元素中文名称
相对原子质量

H
氢
1
1.008

非金属　金属

过渡元素

1	2	3	4	5	6	7	8	9	10	11	12	13	14	15	16	17	18
H 氢 1 1.008																	He 氦 2 4.003
Li 锂 3 6.941	Be 铍 4 9.012											B 硼 5 10.81	C 碳 6 12.01	N 氮 7 14.01	O 氧 8 16.00	F 氟 9 19.00	Ne 氖 10 20.18
Na 钠 11 22.99	Mg 镁 12 24.31											Al 铝 13 26.98	Si 硅 14 28.09	P 磷 15 30.97	S 硫 16 32.07	Cl 氯 17 35.45	Ar 氩 18 39.95
K 钾 19 39.10	Ca 钙 20 40.08	Sc 钪 21 44.96	Ti 钛 22 47.87	V 钒 23 50.94	Cr 铬 24 52.00	Mn 锰 25 54.94	Fe 铁 26 55.85	Co 钴 27 58.93	Ni 镍 28 58.69	Cu 铜 29 63.55	Zn 锌 30 65.39	Ga 镓 31 69.72	Ge 锗 32 72.61	As 砷 33 74.92	Se 硒 34 78.96	Br 溴 35 79.90	Kr 氪 36 83.80
Rb 铷 37 85.47	Sr 锶 38 87.62	Y 钇 39 88.9	Zr 锆 40 91.22	Nb 铌 41 92.9	Mo 钼 42 95.94	Tc 锝 43 98.91	Ru 钌 44 101.1	Rh 铑 45 102.9	Pd 钯 46 106.4	Ag 银 47 107.9	Cd 镉 48 112.4	In 铟 49 114.8	Sn 锡 50 118.7	Sb 锑 51 121.8	Te 碲 52 127.6	I 碘 53 126.9	Xe 氙 54 131.3
Cs 铯 55 132.9	Ba 钡 56 137.3	57-71 La-Lu 镧系	Hf 铪 72 178.5	Ta 钽 73 180.9	W 钨 74 183.8	Re 铼 75 186.2	Os 锇 76 190.2	Ir 铱 77 192.2	Pt 铂 78 195.1	Au 金 79 197.0	Hg 汞 80 200.6	Tl 铊 81 204.4	Pb 铅 82 207.2	Bi 铋 83 209.0	Po 钋 84 [210]	At 砹 85 [210]	Rn 氡 86 [222]
Fr 钫 87 [223]	Ra 镭 88 226.0	89-103 Ac-Lr 锕系	Rf 𬬻 104 [261]	Db 𨧀 105 [262]	Sg 𨭎 106 [266]	Bh 𨨏 107 [264]	Hs 𨭆 108 [269]	Mt 鿏 109 [268]	Ds 鿏 110 [269]	Rg 錀 111 [272]	Cn 鿔 112 [277]	Nh 鿭 113 [284]	Fl 𫓧 114 [289]	Mc 镆 115 [288]	Lv 𫟼 116 [293]	Ts 鿬 117 [294]	Og 鿫 118 [294]

镧系

La 镧 57 138.9	Ce 铈 58 140.1	Pr 镨 59 140.9	Nd 钕 60 144.2	Pm 钷 61 144.9	Sm 钐 62 150.4	Eu 铕 63 152.0	Gd 钆 64 157.3	Tb 铽 65 158.9	Dy 镝 66 162.5	Ho 钬 67 164.9	Er 铒 68 167.3	Tm 铥 69 168.9	Yb 镱 70 173.0	Lu 镥 71 175.0

锕系

Ac 锕 89 227.0	Th 钍 90 232.0	Pa 镤 91 231.0	U 铀 92 238.0	Np 镎 93 237.0	Pu 钚 94 [244]	Am 镅 95 [243]	Cm 锔 96 [247]	Bk 锫 97 [247]	Cf 锎 98 [251]	Es 锿 99 [252]	Fm 镄 100 [257]	Md 钔 101 [258]	No 锘 102 [259]	Lr 铹 103 [260]

近年来，随着《国家宝藏》《我在故宫修文物》等文博类图书的出版，考古这一领域逐渐走进了大家的视野。在考古工作中，有一个绕不开的话题，就是化石或文物"年龄密码"的破解，即如何测定它们的年代。

为了解决这个问题，我们首先要介绍一种元素——碳。碳原子有三种同位素：碳 12、碳 13 和放射性同位素碳 14。碳原子"三兄弟"虽然相似，却有区别。它们的原子核拥有相同的质子数，却有不同的中子数，其中碳 14 具有随着时间的增长衰变为其他原子的性质，是我们测定文物年代的关键。

○ 中子
● 质子

碳 12　　　　　碳 13　　　　　碳 14

受到宇宙射线的影响，大气中的部分氮原子变为碳 14 原子，并最终以二氧化碳（$^{14}CO_2$）的形式存在于大气中。只要动植物生存着，这些含有碳 14 原子的二氧化碳就会不断地被吸入生物体体内，并保持一定的含量。一旦动植物死亡，动植物体内不再有新的碳 14 原子吸入，而原有的碳 14 原子会以 5730 年为一个衰变周期而不断减少，即每经过 5730 年碳 14 原子的含量会变为原来的一半。基于此，我们只需测定化石或文物中碳 14 原子的剩余含量，就可以知道它们的确切年代了。

根据资料中的信息回答下列问题。

（1）在碳的三种同位素中，能作为相对原子质量的标准的原子是_____。

（2）碳14原子的质子数是_____，中子数是_____，电子数是_____，质量数是_____。

（3）碳元素可以形成常见的化合物 CO_2，请从微观角度写出一条气态二氧化碳和固态二氧化碳的区别：_____。

（4）史博士在测定贝壳化石中发现碳14原子的含量已经减少到原来的 $\frac{1}{8}$，请你推测此贝壳化石距今_____年，说明理由：_____

_____

_____。

第二篇

揭秘化学反应

在本篇中，你将学会用化学语言描述化学反应，并深入了解化学反应中的能量变化。

4.1 化学式

 如何用化学语言交流？

你知道吗？虽然"水"在不同语言中有不同的表示方法，但是无论在世界的哪个角落，"水"的化学表示方法却是统一的，这方便了不同国家的科学家和学习者的交流。化学学科有自己的语言体系，科学家们设计了一套通用的符号用于表示物质的组成和变化，**化学式**就是其中的一种基本语言。

> **化学式**是一种化学物质的表示方法，它是用元素符号和数字组合表示物质组成的式子。

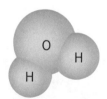

水的化学式：H_2O

二氧化碳的化学式：CO_2

符号	意义
H	氢原子
O	氧原子
下标"2"	1 个水分子中有 2 个氢原子

符号	意义
C	碳原子
O	氧原子
下标"2"	1 个二氧化碳分子中有 2 个氧原子

还有哪些化学表达式?

人们除了使用最基础的化学式外,还会用其他形式的化学表达式来表示物质,比如为了能精简地表达化合物的元素组成,会使用最简式,而为了更清晰地展现有机物的结构,会使用结构式。

化学表达式

最简式 表示物质中各原子的最简个数比。
例:葡萄糖的化学式为 $C_6H_{12}O_6$,最简式为 CH_2O。

分子式 表示分子中各原子的实际数量。
例:葡萄糖的分子式为 $C_6H_{12}O_6$。

电子式 在元素符号周围用小黑点(或×)来表示元素原子的最外层上的电子。
例:氯化钠的电子式为 $Na^+[:\overset{..}{\underset{..}{Cl}}:]^-$。

结构式 显示了物质中原子的空间排列。
例:乙醇的结构式如下。

$$\begin{array}{c} \quad H \quad H \\ \quad | \quad\ | \\ H-C-C-O-H \\ \quad | \quad\ | \\ \quad H \quad H \end{array}$$

 ## 如何将化学式"翻译"为中文名称?

化学式的中文命名遵循了一定的规则,让我们一起来了解一下吧!

国际纯粹与应用化学联合会（IUPAC）的建议

1. 离子化合物的命名
2. 同种元素形成的不同价态的离子的命名方法
3. 简单分子的命名
4. 汉语数字前缀的使用

❶ 离子化合物命名时阴离子名称在前，阳离子名称在后。

例如

◆ NaCl：它由钠离子（阳离子）和氧离子（阴离子）组成，这个离子化合物的中文名称为氯化钠。

◆ CaCO₃：它由钙离子（阳离子）和碳酸根离子（阴离子）组成，这个离子化合物的中文名称为碳酸钙。

❷ 用"亚"字来区分某些金属元素形成的不同价态的离子。

例如 铁能形成两种阳离子：亚铁离子（Fe^{2+}）和铁离子（Fe^{3+}）。它们与氯离子（阴离子）能形成两种物质，这两种物质的中文名称分别为氯化亚铁（$FeCl_2$）和氯化铁（$FeCl_3$）。

❸ 若这个分子是由两种元素组成的化合物，则从右至左读作"某化某"。

例如 HCl 的中文名称为氯化氢，HBr 的中文名称为溴化氢。

❹ 在对同种元素组成的不同的分子进行中文命名时，为了便于区分，需要加上汉语数字前缀，用于表示化合物中每种元素的原子数。

例如 CO 的中文名称为一氧化碳，CO_2 的中文名称为二氧化碳。

4.2 化学方程式

有了物质的化学式和中文名称,我们就能很容易写出化学反应式。

一个化学反应可以用文字表达式来描述,例如:

$$\text{氢气} + \text{氧气} \xrightarrow[\text{③}]{\text{④点燃}} \text{水}$$

①反应物 ②生成物

一个化学反应也可以用化学式来描述,我们称之为**化学方程式**,例如:

⑤系数
↓

$$2H_2 + O_2 \xrightarrow[\text{③}]{\text{④点燃}} 2H_2O$$

①反应物 ②生成物

① **反应物**

反应物指参加反应的**初始**物质,写在化学方程式的**左边**。

② **生成物**

生成物是在反应**结束**时生成的物质,写在化学方程式的**右边**。

③ **箭头和等号**

用**箭头**或**等号**表示化学反应的**方向**。

④ **反应条件**

反应条件是指发生化学反应的必要因素。例如,氢气和氧气需要在点燃的条件下发生反应,否则这一反应将不会发生。其他常见的化学反应条件有加热、通电等。

❺ **系数**

化学方程式中的系数显示了化学反应中反应物和生成物的确切比例。

- 锌（Zn）与稀盐酸（HCl）反应生成氯化锌（ZnCl$_2$）和氢气（H$_2$）。

$$Zn + 2HCl \Longrightarrow ZnCl_2 + H_2 \uparrow$$

- 镁（Mg）和氧气（O$_2$）反应生成氧化镁（MgO）。

$$2Mg + O_2 \xrightarrow{\text{点燃}} 2MgO$$

- 铝（Al）和氧气（O$_2$）反应生成氧化铝（Al$_2$O$_3$）。

$$4Al + 3O_2 \Longrightarrow 2Al_2O_3$$

- 车辆使用的汽油在燃烧过程中会产生二氧化硫。二氧化硫气体溶解在雨水中，生成具有腐蚀性的亚硫酸（H$_2$SO$_3$）。

$$SO_2 + H_2O \rightleftharpoons H_2SO_3$$

- 工业上常用一氧化碳（CO）和氧化铁（Fe$_2$O$_3$）的反应炼铁，得到铁（Fe）和二氧化碳（CO$_2$）。

$$3CO + Fe_2O_3 \xrightarrow{\text{高温}} 2Fe + 3CO_2$$

 化学方程式告诉了我们什么？

从化学方程式中我们可以了解到什么？实际上，化学方程式就像是一个化学反应的"字典"，我们可以从中读出许多信息。

化学方程式能告诉我们的数量关系

- 参与反应的物质的物质的量之比。
- 参与反应的物质的质量之比。

化学方程式能告诉我们反应物与生成物的状态

- 反应物和生成物可能是固体、液体、气体或溶液，在热化学方程式中会用状态符号来表示反应物和生成物的状态，具体的状态符号如下。

Ⓐ s 为固体。

Ⓑ g 为气体。

Ⓒ l 为液体。

Ⓓ aq 表示水溶液。

如何正确书写化学方程式?

- 写出化学反应的文字表达式。

- 写出反应中每种物质的化学式，并确保正确无误。

- 使化学方程式等号两边的原子的种类和数目相同。

如何根据化学方程式进行计算?

- 从化学方程式中读出反应物和生成物前面的系数。

- 用系数乘对应物质的式量，即可得到物质之间的质量关系。

- 再利用质量关系，用已知物质的质量求出未知物质的质量。

1. 变色镜片在阳光的照射下立刻变暗，在室内又重新变回透明。

室内 / 夜晚　　　中等强度的阳光照射　　　较强的阳光照射

在室外，变色镜片中含有的氯化银和其他卤化物，在紫外光的照射下会分解为银和氯气。分解生成的金属银大多以黑色小颗粒的形式均匀地分散在白色的氯化银固体中，这样镜片看起来就变成了灰色。在室内，没有了紫外线的照射，银颗粒和氯气重新化合形成氯化银，镜片又重新变透明。

（1）写出玻璃镜片的主要成分二氧化硅的化学式：＿＿＿＿＿＿＿＿＿。

（2）写出氯化银光照分解的化学方程式：＿＿＿＿＿＿＿＿＿＿＿＿＿。

（3）解释变色眼镜中的变色现象是化学变化的原因：＿＿＿＿＿＿＿＿＿＿＿＿＿＿＿＿＿＿＿＿＿＿＿＿＿＿＿＿＿＿＿＿＿＿＿＿。

2. 火星是一颗红色星球，它的地表广泛分布着氧化铁，两极则被干冰（固态二氧化碳）覆盖。2020年，"长征五号"运载火箭搭载火星探测器"天问1号"在文昌航天发射场发射升空，并成功着陆在火星表面，开始探测任务。其中"长征五号"运载火箭发动机的主要推进剂为液氧和液氢，提供了火箭升空的主要动力。请你回答下列问题：

（1）火星表面物质氧化铁的化学式为＿＿＿＿，二氧化碳的化学式为＿＿＿＿。

（2）液氢和液氧在点燃条件下的燃烧给火箭提供了巨大动力，请写出两者反应的化学方程式：＿＿＿＿＿＿＿＿＿＿＿＿＿＿＿＿＿＿。

5.1 放热反应与吸热反应

什么是放热反应？

化学反应中常常伴随着能量的变化，比如产生发光、发热等现象。人们可以利用反应的能量变化取暖、降温、发电、照明等。**放热反应**是一种常见的伴随能量变化的化学反应。

放热反应是有热量放出的化学反应。

放热反应能量变化

热量从反应物中释放到周围环境中	→	化学能被转化为热能

↓

反应混合物和容器的温度上升	←	反应混合物和容器变热

- 活泼金属与水迅速反应并放出热量。

> **例如** 钠（Na）和钾（K）与水反应：
> $$2Na + 2H_2O == 2NaOH + H_2 \uparrow$$
> $$2K + 2H_2O == 2KOH + H_2 \uparrow$$

- 人体不断消耗摄入的能源物质，并释放热量。

> **例如** 葡萄糖在人体内氧化：$C_6H_{12}O_6 + 6O_2 \xrightarrow{\text{酶}} 6CO_2 + 6H_2O$。

- 几乎所有的酸碱中和反应都能放出热量。

> **例如** 盐酸与氢氧化钠反应：$HCl + NaOH == NaCl + H_2O$。

- 通过燃烧化石燃料驱动汽车、轮船等，这个过程也会产生热量，

> **例如** 家用燃料天然气的燃烧：$CH_4 + 2O_2 \xrightarrow{\text{点燃}} CO_2 + 2H_2O$。

- 某些自发进行的反应。

> **例如** 铁生锈时会放出热量，"暖宝宝"贴就是利用这个原理取暖的。
> 化学方程式为 $4Fe + 3O_2 + 6H_2O == 4Fe(OH)_3$。

为什么化学反应能放热？

能量不能凭空产生，也不能凭空消失，那么放热反应中产生的热量究竟来

自哪里呢？这就需要我们借助能量变化示意图来探究发生化学反应时能量的变化。

- 放热反应中的焓变可以用能量变化示意图表示，如图所示。
- 能量变化示意图是一个特定的化学反应中能量变化与时间的关系图。
- 生成物的总能量低于反应物的总能量，说明部分能量以热能形式释放到周围环境中。化学反应的焓变 $\Delta H = H_2 - H_1$，ΔH 的值为负数。

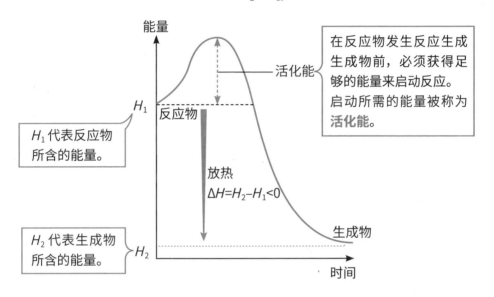

能量

活化能

在反应物发生反应生成生成物前，必须获得足够的能量来启动反应。启动所需的能量被称为**活化能**。

H_1

反应物

H_1 代表反应物所含的能量。

放热
$\Delta H = H_2 - H_1 < 0$

生成物

H_2 代表生成物所含的能量。

H_2

时间

 什么是吸热反应?

　　有放出热量的变化，自然也有吸收热量的变化，这种变化在日常生活中常用于制冷。让我们一起来了解实验室中常见的**吸热反应**。

吸热反应是吸收热量的化学反应。

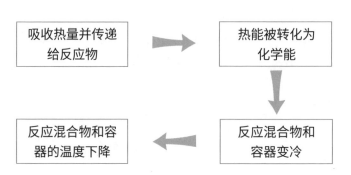

吸热反应能量变化

| 吸收热量并传递给反应物 | → | 热能被转化为化学能 |

| 反应混合物和容器的温度下降 | ← | 反应混合物和容器变冷 |

- 植物在光合作用的过程中会吸收热量。
- 盐类的分解会吸收热量。

$$CaCO_3 \xrightarrow{\text{高温}} CaO + CO_2 \uparrow$$

$$2NaHCO_3 \xrightarrow{\triangle} Na_2CO_3 + CO_2 \uparrow + H_2O$$

$$2Mg\,(NO_3)_2 \xrightarrow{\triangle} 2MgO + 4NO_2 \uparrow + O_2 \uparrow$$

- 灼热的木炭与二氧化碳反应会吸收热量。

$$C + CO_2 \xrightarrow{\text{高温}} 2CO$$

🧪 吸收的热量去了哪里？

　　吸热反应中吸收的热量去了哪里？让我们一起来了解一下吸热反应中的能量变化。

- 吸热反应中的焓变同样可以用能量变化示意图表示。
- 生成物的总能量高于反应物的总能量，说明从周围环境中吸收了热量，吸收的这部分热量转化到生成物中。化学反应的焓变 $\Delta H = H_2 - H_1$，ΔH 的值为正数。

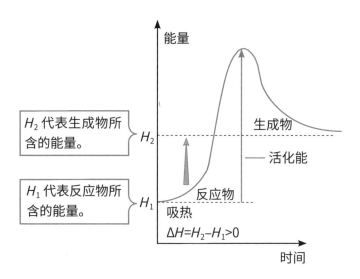

H_2 代表生成物所含的能量。

H_1 代表反应物所含的能量。

能量

生成物

活化能

反应物

吸热

$\Delta H = H_2 - H_1 > 0$

时间

知识加油站

　　除了化学反应中的能量变化，一些物质在溶解时也会产生热量变化。

- 氢氧化钠在水中溶解会产生大量热。

$$NaOH \Longrightarrow Na^+ + OH^-$$

- 浓硫酸加水稀释时会放出大量热。

$$H_2SO_4 \Longrightarrow 2H^+ + SO_4^{2-}$$

- 将铵盐溶于水，水的温度会降低。

$$NH_4Cl \Longrightarrow NH_4^+ + Cl^-$$

$$NH_4NO_3 \Longrightarrow NH_4^+ + NO_3^-$$

- 结晶水合物溶解时会吸收热量。

$$CuSO_4 \cdot 5H_2O \Longrightarrow Cu^{2+} + SO_4^{2-} + 5H_2O$$

5.2 氢燃料电池

氢燃料电池是如何发电的?

前面说到,化学反应中的能量不仅能转化为热能,还能转化为电能,人们利用这个原理制作了电池。每个电池都是一个小小的化学反应池,这其中不得不提到一种清洁电池——氢燃料电池。让我们一起探究氢燃料电池是如何发电的。

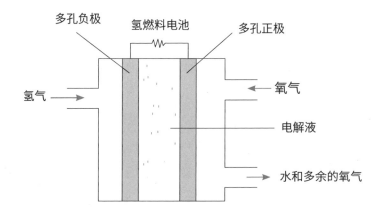

负极反应: $2H_2 + 4OH^- - 4e^- = 4H_2O$

正极反应: $O_2 + 2H_2O + 4e^- = 4OH^-$

总反应: $O_2 + 2H_2 = 2H_2O$

- 原料氢气可由碳氢化合物或水制成,也可由甲烷制成。

- 在燃料电池中,氢气与氧气反应产生大量的能量,反应只生成水,因此不会产生任何污染物。燃料电池将化学能直接转化为电能,能量转化效率高。

- 由于氢气的制取成本高且储存困难,作为燃料和化学电源暂时还未能广泛应用。随着科技的发展,对氢能源的开发已取得了很大进展,氢气在未来可能会成为主要的能源之一。

1."暖宝宝"贴是一种生活中常用的便捷取暖用品，其原理是利用化学反应放热来发热。小明查询成分表后发现它的主要化学成分如图所示。

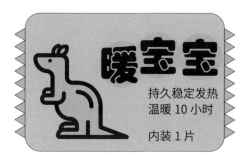

品名：暖宝宝

成分：铁粉、水、活性炭、吸水树脂、食盐、蛭石等

用法：临使用前，打开外袋取出内袋，直接贴在衣服上，打开外袋后保持温暖12小时。

"暖宝宝"贴中的活性炭有强吸附性，在活性炭的疏松结构中储存有水蒸气，水蒸气液化成水滴流出，与空气和铁粉接触，在氯化钠的作用下较为迅速地发生反应生成氢氧化铁，放出热量。

（1）从本质上来说，"暖宝宝"贴是能将化学能转化为_____能的装置。

（2）认真阅读短文，写出在上述文中"暖宝宝"贴发热的化学方程式：

_____。

（3）小明画出了"暖宝宝"贴发生化学反应时的两张能量变化示意图，你觉得正确的是_____，理由是_____。

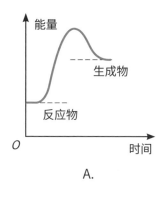

A.

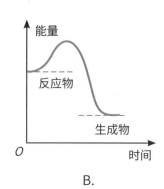

B.

第三篇

走进物质世界

本篇中，我们将一起探索常见物质的组成与性质，深入了解周围的物质的变化和反应的魅力，进一步洞悉物质世界中隐藏的奥秘。

6.1 空气的组成

空气是由什么组成的?

空气是人类赖以生存的基础，没有空气就没有生机勃勃的世界。神奇的是，虽然我们每时每刻都呼吸着空气，但是我们却看不见它。空气究竟由什么物质组成呢？看看下图，试着解答这个问题。

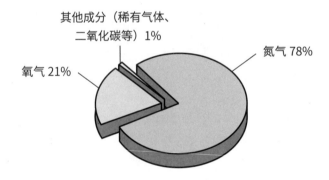

其他成分（稀有气体、二氧化碳等）1%

氧气 21%

氮气 78%

知识加油站

普利斯特利（1733—1804），英国化学家，是第一位分离出氧气的人，也是第一位证明氧气是燃烧的必要条件的化学家。除此之外，他还发明了第一种可饮用的碳酸水（苏打水）。

6.2 空气中的稀有气体

稀有气体是什么?

19 世纪，英国化学家拉姆齐在空气中发现了一类神奇的气体，这类气体在空气中的含量较少，故被命名为"**稀有气体**"，又因为这类气体的化学性质非常稳定，故曾被称为"惰性气体"。

稀有气体元素包括六种元素：氦（He）、氖（Ne）、氩（Ar）、氪（Kr）、氙（Xe）和氡（Rn）。

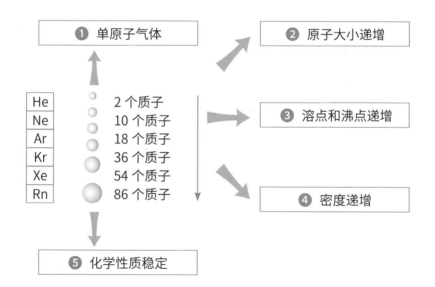

❶ 单原子气体 → ❷ 原子大小递增

He	2 个质子
Ne	10 个质子
Ar	18 个质子
Kr	36 个质子
Xe	54 个质子
Rn	86 个质子

❸ 溶点和沸点递增

❹ 密度递增

❺ 化学性质稳定

❶ 稀有气体都由单原子分子构成，它们在常温、常压下都是无色气体。

❷ 从氦原子到氡原子，原子的电子层数递增，原子半径也相应增大。

❸ 原子之间的吸引力随着原子半径的增大而逐渐增强。随着吸引力的不断增强，在熔化或沸腾过程中，克服吸引力所需的能量就越多。因此，稀有气体在元素周期表中排列越靠后，熔点和沸点就越高。

❹ 质子数越大的稀有气体，原子质量越大。因此，稀有气体的密度呈递增趋势。

❺ • 所有稀有气体的原子的电子排列都很稳定。
  • 除了氦最外层仅有 2 个电子，其他稀有气体原子的最外层均有 8 个电子，即达到稳定结构。

 ## 稀有气体有哪些用途？

与空气中的其他组分相比，虽然稀有气体的含量较少，但在我们的生活中的用途却很广泛，比如飘浮在空中的氦气球，用于汽车夜间照明的氙气灯，灯泡的保护气等。让我们一起探索稀有气体的更多的用途。

氦气
• 填充飞艇、气象气球
• 潜水员的氧气瓶中填充的是氦气和氧气的混合物
• 液态氦气可将金属冷却成超导体
• 冶炼或焊接金属的保护气

氖气
• 常用于填充广告灯和电视显像管

氩气
• 常用于填充灯泡
• 常用作气相色谱法的载气

稀有气体的用途

氪气
• 常用于制造电子管和频闪灯
• 常用于原子能反应堆的气泡室中

氙气
• 用于实验室的中子源
• 用于气体示踪剂

氡气
• 常用于激光修复视网膜
• 常用于摄影的闪光灯

- 氦气比氢气更适合填充气象气球，因为与氢气相比，氦气不活泼，也不易燃。
- 氩气可用于填充灯泡，能最大程度延长灯丝寿命。
- 稀有气体约占空气体积的1%，其中大部分是氩气，因此氩气的提纯成本比其他稀有气体都低。

6.3 常见的空气污染

 哪些气体会污染大气？

空气是人类赖以生存的重要资源，保护空气就是保护人类自身的健康。然而，随着工业的发展，大气却在一定程度上受到了污染，让我们了解一下常见的空气污染物以及它们的来源、危害和防治。

一氧化碳 (CO)

来源： 机动车燃料或化石燃料（如汽油、柴油、煤、石油和天然气）的不完全燃烧。

危害： 一氧化碳易与人体血液中的血红蛋白结合，造成人体内缺氧，严重时会危及生命。

防治： 汽车尾气净化装置中的催化剂可将一氧化碳转化成没有毒性的二氧化碳（CO_2）。

臭氧 (O_3)

来源： 光化学反应，一般在阳光的作用下，由其他空气污染物如 NO_2 或碳氢化合物反应产生。

危害： 对人体眼睛和呼吸系统有刺激作用。

防治： 减少未完全燃烧的燃料的尾气的排放。

二氧化硫（SO_2）

来源： 含硫的化石燃料（如煤、石油）的燃烧，火山喷发。

危害： 二氧化硫溶解在雨水中形成的酸雨，会侵蚀由钢筋混凝土建造的建筑物；会使土壤的酸性增强，影响森林植被的正常生长；会使湖泊和溪流的酸性增强，导致水生动植物的死亡。二氧化硫气体还会对人体眼睛造成刺激作用，同时会引发人体呼吸困难。

防治： 可以用碳酸钙（$CaCO_3$）除去发电和工业生产中产生的 SO_2 气体。

碳酸钙在高温条件下会部分分解：

$$CaCO_3 \xrightarrow{\text{高温}} CaO + CO_2 \uparrow$$

CaCO$_3$、CaO 都会与 SO$_2$ 反应：

CaCO$_3$ + SO$_2$ === CaSO$_3$ + CO$_2$

CaO + SO$_2$ === CaSO$_3$

反应生成的 CaSO$_3$ 能在空气中被氧化，形成可以稳定存在的 CaSO$_4$。

氮氧化物 (NO 和 NO$_2$)

来源：汽车尾气。

危害：与二氧化硫相似，会溶解在雨水中形成酸雨，人体吸入后会导致肺部损伤。会与其他污染物反应形成臭氧（另一种空气污染物）。

防治：汽车尾气净化装置能把一氧化氮（NO）和二氧化氮（NO$_2$）转化为无害的氮气（N$_2$）。

未完全燃烧的碳氢化合物

来源：汽油不完全燃烧产生的汽车尾气。

危害：部分碳氢化合物是有毒的，例如苯是一种致癌物。除此之外，部分碳氢化合物可能会生成臭氧和光化学烟雾。

防治：在车辆上安装汽车尾气净化装置。

甲烷 (CH$_4$)

来源：有机物的分解；人类活动，如农业、采矿和废物处理。

危害：捕获热量，造成全球变暖或温室效应。

防治：目前没有简单有效的防治方案。

 什么是温室效应？

由于化石燃料如煤、石油和天然气的大量使用，大量的二氧化碳被排放到空气中，它阻止地面的热向太空散失，导致地表温度升高，就像栽培农作物的温室一样，对地球起到了保温作用，**温室效应**因而得名。

温室效应即大气中的某些气体捕获热量，导致气温升高的现象。

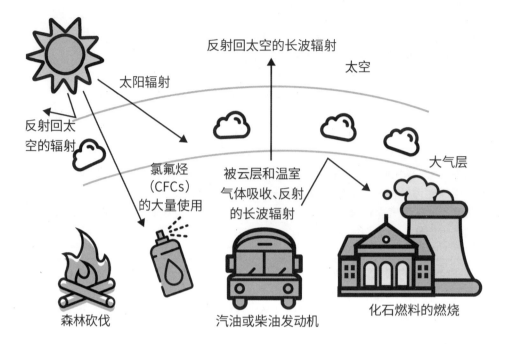

反射回太空的长波辐射

太空

太阳辐射

反射回太空的辐射

氯氟烃（CFCs）的大量使用

被云层和温室气体吸收、反射的长波辐射

大气层

森林砍伐

汽油或柴油发动机

化石燃料的燃烧

- 部分太阳辐射经过大气层到达地面，地面吸收后增温发出长波辐射。
- 大气层中的部分气体如二氧化碳会吸收地面发出的长波辐射，并将部分长波辐射以热的形式反射回地面。当二氧化碳浓度升高，反射回地面的热量也会增加，从而导致地表气温升高，引发全球变暖。
- 森林砍伐、化石燃料的燃烧会导致二氧化碳浓度升高。
- 氯氟烃（CFCs）的大量使用会破坏臭氧层，引发臭氧层空洞，从而导致过量的太阳辐射到达地面，引发温室效应。

常见的温室气体有哪些？

大气中能吸收和释放长波辐射的气体都被称为温室气体，常见的温室气体除了前面提到的二氧化碳外，还有甲烷、臭氧等。让我们了解一下这些常见的温室气体吧。

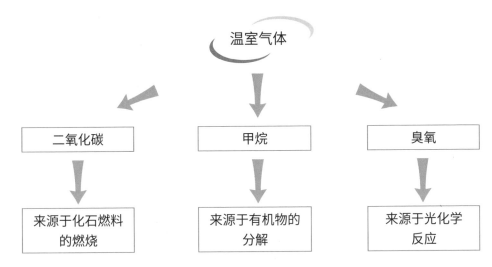

- 这些温室气体吸收了长波辐射并将热反射回地面，导致地球表面温度升高。

- 温室效应的后果：

  Ⓐ 温室效应导致全球变暖，从而导致极地冰川融化，海平面上升，低海拔地区可能被淹没。

  Ⓑ 全球灾害性和极端气候事件的发生频率和强度增加。

  Ⓒ 土地沙漠化，造成农业减产。

如何减少空气中的二氧化碳含量？

要解决这个问题，我们首先要了解自然界中的碳循环。纵观地球的历史，碳元素在海洋、生物体内和大气之间自然地循环着，这种自然的循环可以调节空气中二氧化碳和其他温室气体的含量。

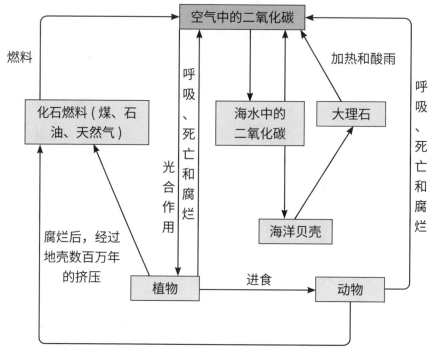

- 空气中二氧化碳的主要来源：

  Ⓐ 动植物的呼吸作用。

  Ⓑ 动植物尸体的腐烂。

  Ⓒ 化石燃料的燃烧。

  Ⓓ 大理石受热分解或大理石与酸雨发生反应。

- 减少空气中二氧化碳含量的方法：

  Ⓐ 植树造林，植物通过光合作用吸收二氧化碳。

  Ⓑ 保护海洋生态环境，海洋生物也能消耗二氧化碳。

臭氧层空洞是如何形成的？

　　大气中的臭氧起着阻隔紫外线、防止人类皮肤受到伤害的作用，但臭氧层却由于含氟制冷剂的发明和大量使用曾出现了逐渐变薄的趋势。近年来，随着环保意识的增强，这个问题正在逐渐好转中。

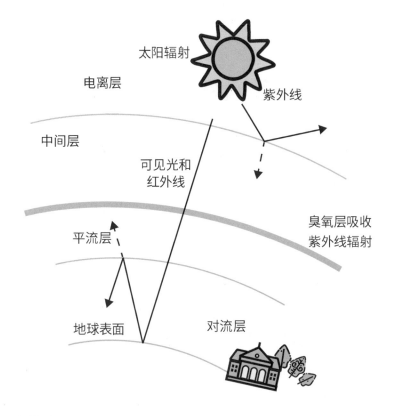

太阳辐射

电离层

紫外线

中间层

可见光和
红外线

臭氧层吸收
紫外线辐射

平流层

地球表面

对流层

臭氧层变薄的原因

- 氯氟烃成为空调和冰箱中常用的制冷剂、罐装气雾剂的推进剂、聚苯乙烯包装的发泡剂，氯氟烃的大量使用导致大气中氯氟烃的浓度不断增加。

- 氯氟烃在臭氧层中长期存在，并与臭氧气体反复反应，使臭氧气体含量降低。

臭氧层变薄的过程

- 紫外线破坏了氯氟烃中的化学键，使其释放出氯原子，游离的氯原子与臭氧气体（O_3）反应，产生一氧化氯和氧分子。

- 游离的氧分子打破了一氧化氯中的化学键，再次释放氯原子。游离的氯原子使得以上反应重复发生，从而不断稀释臭氧层。

臭氧层变薄的后果

- 臭氧层变薄会导致到达地面的太阳辐射增加，从而导致温室效应。

- 温室效应会导致灾害性和极端气候事件发生频率和强度增加；农业减产；极地冰川融化，海平面上升等。

- 若地球的"防护盾"（臭氧层）逐渐空洞，会使到达地面的紫外线辐射增强，导致人类白内障、皮肤癌等疾病的发病率升高。

什么是酸雨？

酸雨通常指的是 pH 小于 5.6 的降水，是全球三大环境问题之一。酸雨的产生是由于化石燃料中往往含有一定量的含硫化合物，燃烧时会产生二氧化硫，二氧化硫经过一系列的化学变化溶于雨水中会形成酸雨，从而导致一系列环境问题。

空气污染
· 风将污染物吹到全球各地

二氧化硫与水和氧气反应，形成酸雨，酸雨会侵蚀由钢筋混凝土建造的建筑物

酸雨会破坏森林

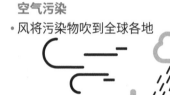

酸雨流入湖泊和河流

工厂的烟囱排放二氧化硫（SO_2）

水污染
· 湖泊和河流的酸性增强
· 鱼和其他水生生物死亡

土壤污染
· 土壤的pH下降
· 盐分从表层土壤中析出
· 树木根部被破坏
· 植物因营养不良或疾病而死亡

汽车行驶时燃烧汽油，释放出二氧化硫

🔍 知识加油站

一般雨水都呈酸性，酸性的强弱可以用 pH 来衡量。正常情况下，由于雨水中溶解了部分二氧化碳，因此雨水的 pH 均小于 7，但一般会大于 5.6（饱和碳酸溶液的 pH 为 5.6）。当雨水的 pH 低于 5.6 时，说明雨水中溶解了其他的酸性污染物，这样的雨水就称为酸雨。

氟利昂是一种常见的制冷剂，曾被广泛应用于家用冰箱和空调制冷机。20世纪30年代，人们常使用压缩机将液化的氟利昂送入制冷设备（空调内机）内部，氟利昂在内部汽化并吸收大量热量，使环境温度降低。

除了用作制冷剂，氟利昂还用作泡沫塑料工业的发泡剂，医用、美发、空气清新的气雾剂，还可用作膨胀剂、清洗剂等。然而，虽然氟利昂有着众多的用途，但也会给环境带来危害，臭氧层空洞被证明与氟利昂有着密切的联系。氟利昂产生的游离氯原子，会夺取臭氧（O_3）中的氧原子，使其分解为氧气。

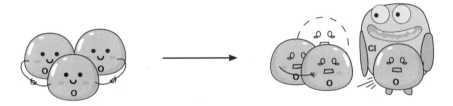

氟利昂大量排放到大气中会导致大气中的臭氧含量下降，而臭氧能吸收到达地球的太阳辐射中99%的紫外线，强紫外辐射会增加人体患皮肤癌、白内障和免疫缺损症的发生率，还会导致农作物减产、危害水生生态系统等。

目前，国际上通过缔结公约的形式来限制和禁止氟利昂的使用，科学家也开展了关于氟利昂替代品的研究，同时对现存的使用氟利昂的机器进行无害化处理，从而减少氟利昂对臭氧层的影响。

依据资料内容回答下列问题。

（1）氟利昂的一般可以用作_____，使用氟利昂制冷的过程中，请你说明发生的是_____（选填"化学"或"物理"）变化，理由是_____
_____。

（2）请写出氯原子使臭氧分解的化学方程式：_____
_____。

（3）为保护臭氧层，请写出一条可以采取的措施：_____
_____。

7.1 溶液与浊液

 什么是溶液？

日常生活中，无论是我们喝的矿泉水，还是生病时输液用的生理盐水，或是杀菌时使用的质量分数为 75% 的酒精，在化学中都可以称为**溶液**。

- 溶液是由溶剂和溶质组成的混合物。
- 溶剂是能溶解其他物质的物质。
- 溶质是指被溶解的物质。
- 当两种或多种物质不能混合均匀、形成稳定的状态时，就会形成浊液。

两种或两种以上物质形成的均匀、稳定的分散体系称为**溶液**。

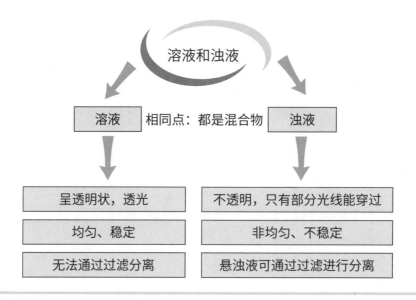

溶液和浊液

溶液	相同点：都是混合物	浊液
呈透明状，透光		不透明，只有部分光线能穿过
均匀、稳定		非均匀、不稳定
无法通过过滤分离		悬浊液可通过过滤进行分离

7.2 影响物质溶解性的因素

 物质的溶解性都相同吗?

不难发现,生活中有些物质易溶于水,比如常温下 100 g 水中可以溶解 200 多克蔗糖,而有些物质比如油漆就很难溶于水。但蔗糖与油脂无法互溶,油漆却易溶于油脂中。可见物质的**溶解性**会受到一些因素的影响,让我们具体了解一下吧。

> **溶解性**是指一种物质溶解在另一种物质中的能力。

影响物质溶解性的因素

① 溶剂的性质　　② 温度　　③ 溶质的性质

① 溶剂的性质
同一溶质在不同的溶剂中具有不同的溶解性。

② 温度
物质的溶解性与温度有关,大部分物质的溶解性随温度的升高而增大,也有部分物质的溶解性随温度的升高而变小。

③ 溶质的性质
不同的溶质在同一溶剂中具有不同的溶解性。

7.3 影响物质溶解速率的因素

 物质的溶解速率有大有小吗？

回忆一下我们泡速溶咖啡的步骤。先用热水泡开，再用汤匙搅拌一下。为什么我们不用冷水冲泡咖啡呢？为什么速溶咖啡都是粉末状的而不是块状的？其实，这些操作都是为了加大咖啡的溶解速率。可见，物质的溶解速率是有大小的，且会受到外界因素的影响。

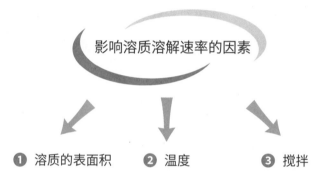

① **溶质的表面积**
   溶质的颗粒越小，与溶剂接触的表面积越大，溶质的溶解速率也就越大。

② **温度**
   一般来说，温度越高，溶质的溶解速率就越大。

③ **搅拌**
   搅拌能增加溶剂与溶质之间的接触面积，从而加大溶解速率。

7.4 溶液的稀释

 如何稀释溶液?

现有一瓶浓度为 98% 的浓硫酸，而我们的化学实验需要浓度为 10% 的稀硫酸，你应该如何操作？这就需要用到稀释操作。

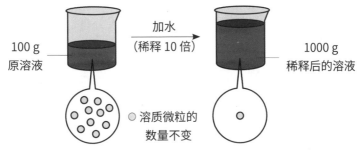

- 在稀释过程中，溶解的溶质的质量固定不变。溶剂（水）的质量增加，溶液的浓度变小。

$$c_1 \times m_1 = c_2 \times m_2$$

注: c_1 为加水前溶液的浓度，m_1 为加水前溶液的质量；c_2 为加水后溶液的浓度，m_2 为加水后溶液的质量。

实际案例

若要制备 500 g 浓度为 10% 的稀硫酸，请计算：需要浓度为 98% 的硫酸（H_2SO_4）多少克？水多少克？

解：所需的 H_2SO_4 质量 $= \dfrac{10\% \times 500}{98\%} \approx 51.02$（g）

所需水的质量 $= 500 - 51.02 = 448.98$（g）

答：需要浓度为 98% 的硫酸 51.02 g，水 448.98 g。

湿巾是用于擦脸、手或皮肤的纸巾。市场上售卖的湿巾种类非常多，小明为了弄清湿巾的主要成分，购买了市场上常见的婴儿湿巾和消毒湿巾，它们的成分表如图所示。

婴儿柔湿巾
滋润型
• 不含酒精，温柔不刺激
• 给宝宝贴心的呵护
主要成分：t 无纺布、纯水、丙二醇、芦荟提取物、苄索氯铵

便携消毒湿纸巾
杀菌率 99%
• 本产品含有酒精：酒精为易燃易爆物品，请妥善保管
主要成分：无纺布、水、75% 医用酒精

小明查阅相关资料后了解到婴儿湿巾的主要成分有：水——湿巾中的主要成分；丙二醇——一种溶剂，也是保湿剂，可以帮助有效物质溶解在水中，使水分不容易挥发，并起到抗菌防腐作用，几乎所有的湿巾中都有它；苄索氯铵——用于杀菌消毒，也是一种新型的防腐剂；芦荟提取物——具有一定的保湿功效，防止擦拭后皮肤干燥。

消毒纸巾的成分比较简单，主要有无纺布、水和质量分数为 75% 的医用酒精，其中医用酒精起消毒杀菌的作用。值得注意的是，由于消毒湿巾中含有酒精，酒精属于易燃、易爆物品，需要妥善保管，否则会引发危险。

请你根据小明查阅的资料，回答下列问题：

（1）婴儿柔湿巾中的溶剂主要是水和_____。

（2）常用的消毒湿巾中，起消毒作用的是_____（填化学式）。从以上资料可以发现酒精_____（选填"难溶""微溶"或"易溶"）于水。

（3）卸妆湿巾主要依赖成分中的表面活性剂和乳化剂来除去皮肤表面的彩妆，实际上就是将彩妆和油脂进行了_____（填操作名称）。

8.1 金刚石与石墨

🧪 钻石为什么这么坚硬？

经过琢磨的纯净的金刚石被称为钻石，钻石拥有无色透明的外表和很强的色散能力，这些特点让它在光照下特别闪耀，成为人们最喜欢的装饰品之一。除此之外，金刚石还是自然界中天然存在的最坚硬的物质，常被用来切削金属、钻穿石层。金刚石为什么会这么坚硬呢？这就需要从它的微观结构来解释。

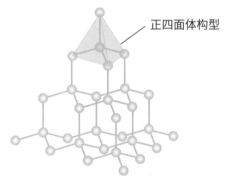

正四面体构型

金刚石的结构

- 金刚石是由碳元素组成的一种晶体。

- 金刚石由碳原子构成，每个碳原子与其他 4 个碳原子以正四面体的方式排布，这种结构相当稳定，这就是金刚石如此坚硬的原因。

- 金刚石中碳原子之间以共价键相连，每个碳原子的最外层有 4 个电子，与邻近的 4 个碳原子形成 4 个共价键，从而形成由一个个正四面体构成的庞大的微观结构（图上仅选取了其中的一部分）。

碳元素除了能形成天然存在的最硬的物质金刚石外，还能形成如石墨、C_{60}等性质不同的物质。其中，石墨质地较软，具有良好的导电性，因而被广泛用于制作铅笔芯、润滑剂或电极。让我们从微观角度去分析为什么石墨有这样的性质。

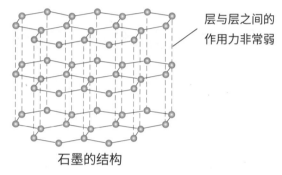

层与层之间的作用力非常弱

石墨的结构

- 石墨是由碳元素组成的另一种晶体，石墨中的碳原子是分层排布的。

- 每一层中，每个碳原子与其他3个碳原子形成共价键，并排列成平面六边形，一个个六边形排列成巨大的平面网状结构。

- 由于石墨分子在形成共价键时，每个碳原子的最外层只使用4个电子中的3个，仍有1个离域、流动的电子，因此具有良好的导电性。

- 石墨的层与层之间的吸引力非常弱，各层可以相互滑动，因此石墨质软。

金刚石和石墨的区别

	金刚石	石墨
外观	透明、无色的晶体	黑色、有光泽的不透明固体
硬度	非常硬	软
挥发性	高熔点和沸点	高熔点和沸点
导电性	不导电	导电

C_{60} 也是由碳元素组成的一种单质，又称为富勒烯。它是一种由 60 个碳原子组成的球形分子，因此也被称为足球烯。C_{60} 具有独特的分子结构，相比于其他物质它是一种更为优质的储气材料，常被用于储存燃料电池中的氢气。

C_{60} 还有许多优异的性能，如抗辐射、耐高压、抗化学腐蚀等，在光、电、磁领域中有广阔的应用前景。

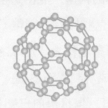

　　碳是人类最早认识的元素之一，从动植物燃烧产生的木炭，到后来作为燃料的煤炭、用于初步冶炼金属的焦炭和用作黑色颜料的炭黑，几千年来，碳元素一直是人类的好朋友。碳元素除了以上形态，还能组成其他物质。

　　自然界中天然存在的最硬的物质——金刚石，就是由碳元素组成的。被广泛用于制作铅笔芯、润滑剂的石墨，也是由碳元素组成的。在超高压、高温等特殊条件下，石墨的某些碳原子受到挤压，凸出到层间的空间中，与上一层的碳原子形成正四面体的构型，能得到金刚石。

　　1985 年，英国化学家克罗托首次制得 C_{60}，由于 C_{60} 分子的形状和结构酷似英式足球，所以又被形象地称为"足球烯"，又被称为"富勒烯"。

　　2004 年，英国科学家成功制得石墨烯。石墨烯是一种由碳原子排列而成的二维蜂窝状结构的新材料，也是目前已知最薄、最坚硬的纳米材料，具有良好的导电和光学性能。石墨烯在纺织行业用作保暖材料，在电脑触摸屏等方面有着良好的应用前景。

　　依据以上资料，回答下列问题。

　　（1）碳单质有许多种，具有下列结构的碳单质中，层与层之间能滑动的是_____（填选项）。

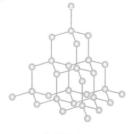
A. 金刚石

B. 石墨

C. C_{60}

　　（2）由石墨制取金刚石是_____（选填"化学"或"物理"）变化。

　　（3）结构决定性质，性质决定用途。从微观角度分析，金刚石、石墨都是由碳元素组成的单质，但具有不同的物理性质，其原因是_____；一氧化碳和二氧化碳具有不同的化学性质，其原因是

_____。

9.1 金属与合金

🧪 显微镜下的金属是什么样的?

　　无论是建造城市里的摩天大厦还是制造厨房中的锅碗瓢盆,都离不开金属。根据需要,金属可以被塑造成任意形状。金属为什么可以被塑形呢?这和它的微观结构相关,让我们一起看看显微镜下的金属。

金属有延展性

层与层之间可滑动

金属有可塑性

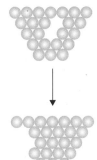
金属的形状
发生变化

人类很早就开始利用合金，如我国古代使用的青铜器就是一种铜锡合金。随着现代科技的发展，纯金属不能满足人们的使用需求，越来越多具有特殊功能的合金被制造出来，给人类生活带来日新月异的变化。让我们了解一下**合金**的微观结构。

合金是由两种或两种以上的元素（其中至少一种是金属）组成的具有金属特性的物质。

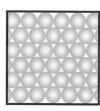 +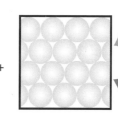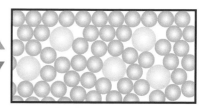

纯金属 X　　　　　纯金属 Y　　　　　　　　合金

- 在纯金属中加入不同原子大小的其他元素，会破坏纯金属中原子的规则排列。
- 合金的原子不能轻易地在彼此之间滑动。
- 和纯金属相比，合金更硬，可塑性更低。

 知识加油站

　　自然界中只有少数的金属以单质的形式存在，我们常用的金属铁、铝等一般以化合物的形式存在于矿石中，想要对它们加以利用，就需要进行冶炼。下面是一些常见金属的冶炼方法。

- 铁的冶炼：采用热还原法制得，以赤铁矿石的冶炼为例。

$$Fe_2O_3 + 3CO \xrightarrow{\text{高温}} 2Fe + 3CO_2$$

- 铝的冶炼：用电解熔融氧化铝的方法制得。

$$2Al_2O_3 \xrightarrow[\text{助熔剂}]{\text{通电}} 4Al + 3O_2 \uparrow$$

生活中常见的合金有哪些?

由于纯金属性质的局限性，合金在日常生活中有着更广泛的用途。让我们认识一些常见的合金及其用途。

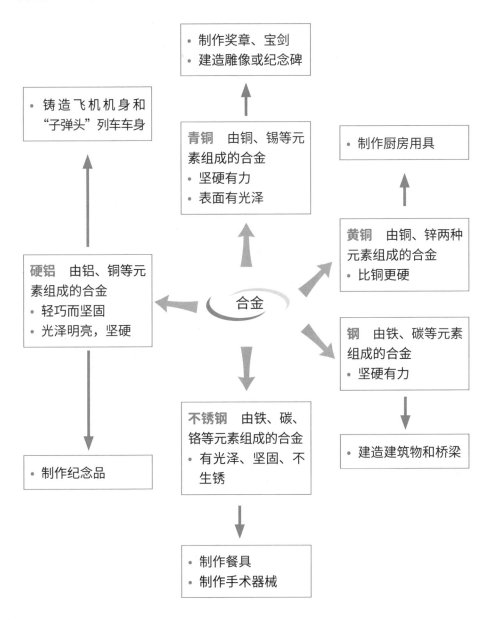

• 制作奖章、宝剑
• 建造雕像或纪念碑

• 铸造飞机机身和"子弹头"列车车身

青铜 由铜、锡等元素组成的合金
• 坚硬有力
• 表面有光泽

• 制作厨房用具

硬铝 由铝、铜等元素组成的合金
• 轻巧而坚固
• 光泽明亮，坚硬

合金

黄铜 由铜、锌两种元素组成的合金
• 比铜更硬

钢 由铁、碳等元素组成的合金
• 坚硬有力

• 制作纪念品

不锈钢 由铁、碳、铬等元素组成的合金
• 有光泽、坚固、不生锈

• 建造建筑物和桥梁

• 制作餐具
• 制作手术器械

9.2 金属的化学性质

 为什么一些金属放久了会失去光泽?

金属表面一般都具有亮丽的光泽，因而一些金属如金或铂常被人们用作装饰品。但一些金属长时间放置在空气中就会失去原有的光泽，比如银饰戴久了会变黑，这是因为一些金属会与空气中的氧气发生反应生成相应的氧化物。让我们看看常见的金属与氧气会发生怎样的反应吧！

镁 在氧气中点燃镁条，镁条会剧烈燃烧，产生耀眼的白光，生成氧化镁（一种白色固体）。
$$2Mg+O_2 \xrightarrow{\text{点燃}} 2MgO$$

铜 在氧气中加热铜，生成黑色的氧化铜固体。
$$2Cu+O_2 \xrightarrow{\Delta} 2CuO$$

与氧气反应

铁 常温下在空气中缓慢氧化生成氧化铁（一种红棕色固体）。
$$4Fe+3O_2 === 2Fe_2O_3$$

锌 在氧气中点燃时迅速燃烧，火焰明亮，生成白色的氧化锌固体。如果延长加热的时间，氧化锌会变成黄色。
$$2Zn+O_2 \xrightarrow{\text{点燃}} 2ZnO$$

钠 钠在氧气中燃烧，火焰呈黄色，生成淡黄色固体过氧化钠。
$$2Na+O_2 \xrightarrow{\text{点燃}} Na_2O_2$$

怎样判断金属的活动性强弱？

金属的活动性是指金属发生化学反应的难易程度。一些金属比较活泼，如钾和钠放在空气中会与空气中的水蒸气发生反应，这样的金属活动性就强。一些金属不活泼，如金或铂很难与其他物质发生反应，可以长期保存，这样的金属活动性弱。科学家们经过长期的实验，总结出了**金属的活动性顺序表**。

金属的活动性顺序表是根据金属发生反应的难易和剧烈程度排列的表。

非常活泼	活动性降低	极不活泼

K　Ca　Na　Mg　Al　Zn　Fe　Sn　Pb　(H)　Cu　Hg　Ag　Pt　Au

→

- 能与氧气剧烈反应的金属在金属活动性顺序表的左边，这些金属的性质活泼。

- 与氧气反应缓慢或不反应的金属在金属活动性顺序表中的右边，这些金属的性质不活泼。

- 金属在活动性顺序表中的位置可以通过该金属与另一种金属的盐溶液之间的置换反应来确定，如果金属 X 比金属 Y 的活动性更强，那么金属 X 会将金属 Y 从它的盐溶液中置换出来。

$$X + Y\text{的盐溶液} \rightarrow Y + X\text{的盐溶液}$$

　　例如　将铁放入硫酸铜溶液中，铁能与硫酸铜反应生成铜，而将铜放入硫酸亚铁溶液中，不会发生任何反应，说明铁比铜更活泼。

$$Fe + CuSO_4 = FeSO_4 + Cu$$

- 金属在金属活动性顺序表中的位置也可以通过该金属与另一种金属的氧化物之间的置换反应来确定，如果金属 X 比金属 Y 更活泼，那么金属 X 会将 Y 从其氧化物中置换出来。

$$X + Y\text{ 的氧化物} \longrightarrow X\text{ 的氧化物} + Y$$

> **例如** 铝和氧化铜加热时,铝能从氧化铜中置换出铜,而氧化铝和铜加热时,不会发生任何反应,说明铝比铜更活泼。
>
> $$2Al + 3CuO \xrightarrow{\quad\triangle\quad} Al_2O_3 + 3Cu$$

 为什么金属活动性顺序表中有氢元素?

我们发现金属活动性顺序表中有氢元素,但是氢元素并不是一种金属,这里的氢元素有特殊的意义。同氢元素类似的还有碳元素,氢气和碳都是冶炼金属的重要还原剂,它们可以将活动性较弱的金属从它们的氧化物中置换出来。

非常活泼	活动性降低	极不活泼

K Na Ca Mg Al Zn Fe Sn Pb (H) Cu Hg Ag Pt Au

⟶

- 以氢元素作为分界线,在氢前面的金属能与非氧化性稀酸(稀盐酸或稀硫酸)发生反应,生成氢气;在氢后面的金属不能发生反应。在实验室中,这种方法常用于比较金属的活动性强弱,与酸的反应越剧烈,就说明金属的活动性越强。

  金属 + 非氧化性稀酸 ⟶ 盐 + 氢气

- 氢气能将活动性较弱的金属从其氧化物(如氧化铜、氧化铁)中置换出来,但不能还原活动性较强的金属氧化物(如氧化钠、氧化钾)。

  氢气 + 金属氧化物 ⟶ 金属 + 水

- 碳不能将活泼金属从它的氧化物中置换出来(如氧化镁、氧化铝),只能还原金属活动性顺序表中较不活泼的金属氧化物,如锌及其之后的金属。

  碳 + 金属氧化物 ⟶ 金属 + 二氧化碳

- 活泼金属如钾、钠、钙、镁、铝会与二氧化碳反应,并将二氧化碳还原成碳单质。

$$金属 + 二氧化碳 \longrightarrow 金属氧化物 + 碳$$

 金属及其氧化物会与哪些物质发生反应?

除了与氧气反应，金属还会与水、酸等物质发生反应。金属氧化物则会与碳、氢气等物质发生反应。

金属与水的反应

金属	与水反应		方程式
钾	与冷水发生剧烈反应		$2K+2H_2O \Longrightarrow 2KOH + H_2\uparrow$
钠	与冷水发生剧烈反应		$2Na+2H_2O \Longrightarrow 2NaOH+H_2\uparrow$
钙	很容易与冷水发生反应		$Ca+2H_2O \Longrightarrow Ca(OH)_2+H_2\uparrow$
镁	与冷水反应非常缓慢，但镁与热水在加热条件下反应较快		$Mg+2H_2O \xrightarrow{\Delta} Mg(OH)_2+H_2\uparrow$
铝	不与冷水反应	铝与水蒸气在加热条件下发生剧烈反应	$2Al+3H_2O \xrightarrow{\Delta} Al_2O_3+3H_2$
锌		锌与水蒸气在加热条件下发生反应	$Zn+H_2O \xrightarrow{\Delta} ZnO+H_2$
铁		铁与水蒸气在高温条件下发生反应，产生四氧化三铁	$3Fe+4H_2O \xrightarrow{高温} Fe_3O_4+4H_2$
铜	不反应		—
银			

金属与稀盐酸的反应

金属	与稀盐酸反应	方程式
钾	反应非常剧烈	$2K+2HCl \Longrightarrow 2KCl+H_2\uparrow$
钠		$2Na+2HCl \Longrightarrow 2NaCl+H_2\uparrow$
钙	反应剧烈	$Ca+2HCl \Longrightarrow CaCl_2+H_2\uparrow$
镁	反应迅速	$Mg+2HCl \Longrightarrow MgCl_2+H_2\uparrow$
铝	反应相当快	$2Al+6HCl \Longrightarrow 2AlCl_3+3H_2\uparrow$

金属	与稀盐酸反应	方程式
锌	反应较快	$Zn+2HCl \!=\!=\! ZnCl_2+H_2 \uparrow$
铁	反应缓慢	$Fe+2HCl \!=\!=\! FeCl_2+H_2 \uparrow$
铜	不反应	—
银		

金属与水和稀酸反应

金属	与水或蒸汽反应	与稀酸反应
钾	与冷水发生反应	爆炸性反应
钠		
钙		剧烈反应
镁	与冷水反应较慢，与热水反应较快	反应较快
铝	与蒸汽发生反应	
锌		
铁		反应缓慢
铜	与水或蒸汽不反应	不反应
银		

氢气、碳与金属氧化物反应

金属	金属氧化物能否被还原	
	氢气	碳
钾	不能被氢气还原	不能被碳还原
钠		
钙		
镁		
铝		
锌	在加热条件下金属氧化物能被氢气还原，生成金属和水。例如：$CuO+H_2 \xrightarrow{\triangle} Cu+H_2O$	在加热或高温条件下金属氧化物能被碳还原，生成金属和二氧化碳。例如：$2CuO+C \xrightarrow{\text{高温}} 2Cu+CO_2 \uparrow$
铁		
铜		
银		氧化银加热被还原

- 铝是一种活泼金属，但与稀盐酸的初始反应是缓慢的，因为它表面有一层致密的氧化铝薄膜。
- 对于金属活泼性顺序表中位置越靠后的金属，它们的氧化物越容易被氢气和碳还原。

知识加油站

仔细观察金属与盐溶液的反应，金属与水、酸的反应，以及金属氧化物与碳、氢气的反应，你会发现这些化学反应都有相同的特征。像这样一种单质与另一种化合物反应生成另一种单质和另一种化合物的反应叫**置换反应**。

单质 + 化合物 $\longrightarrow$ 另一种单质 + 另一种化合物

　　科学家们在未知星球发现了三种新金属并带回了地球，按颜色将它们命名为"银色金属""红色金属"和"金色金属"。科学家们将这三种形状、大小相同的金属放入相同体积、相同浓度的盐酸溶液中，发现有如图所示的现象。

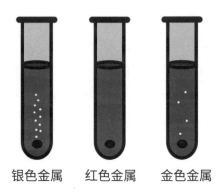

银色金属　　　红色金属　　　金色金属

（1）①请写出产生的气体的名称：_____。

②请按金属活动性由强到弱的顺序排列这三种未知金属：_____

_____。

③如果将镁带加入"红色金属"的硫酸盐溶液中，请你推断会看到的现象：

_____。

（2）"红色金属"与地球上某些金属具有相似的性质。

①请说出一种与"红色金属"性质相似的金属的名称：_____。

②请你说出"红色金属"可能在地球上有广泛的用途的原因：_____

_____。

10.1 　酸与碱的性质

什么是酸?

　　酸广泛地存在于我们的日常生活中，柠檬中含有柠檬酸，酸奶等乳制品中含有乳酸，实验室常用的强酸有盐酸（HCl）、硫酸（H_2SO_4）和硝酸（HNO_3）等。如果你仔细观察这些酸的化学式，会发现它们都有氢元素，由此我们可以得出酸的定义。

> 　　酸是一类由氢元素和酸根组成的化合物，在水中电离可产生氢离子（H^+），氢离子和水分子结合会生成水合氢离子（H_3O^+）。

以盐酸（HCl）为例：水分子和盐酸中电离出的 H^+ 形成水合氢离子，溶液呈酸性。

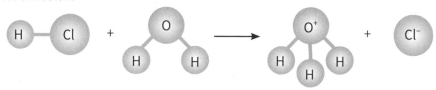

水合氢离子 (H_3O^+)

形成水合氢离子

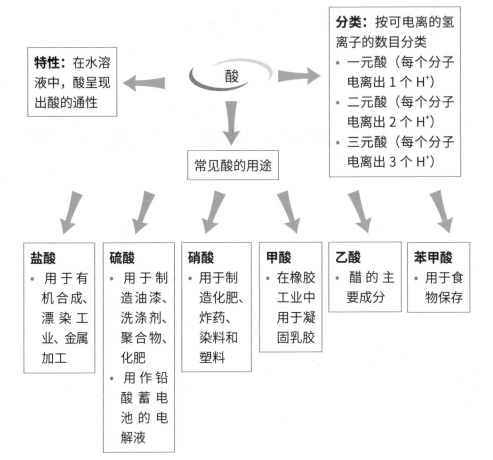

特性：在水溶液中，酸呈现出酸的通性

酸

分类：按可电离的氢离子的数目分类
- 一元酸（每个分子电离出 1 个 H^+）
- 二元酸（每个分子电离出 2 个 H^+）
- 三元酸（每个分子电离出 3 个 H^+）

常见酸的用途

盐酸
- 用于有机合成、漂染工业、金属加工

硫酸
- 用于制造油漆、洗涤剂、聚合物、化肥
- 用作铅酸蓄电池的电解液

硝酸
- 用于制造化肥、炸药、染料和塑料

甲酸
- 在橡胶工业中用于凝固乳胶

乙酸
- 醋的主要成分

苯甲酸
- 用于食物保存

 酸有哪些化学性质？

介绍了这么多种酸，那么它们有什么共同的性质吗？经过科学家不断的实验，得出了酸的通性。

- pH 小于 7
- 使指示剂变色
  (a) 使湿润的蓝色石蕊试纸变为红色
  (b) 不能使酚酞溶液变色

❶ 酸与碱反应，生成盐和水。
$$酸 + 碱 \longrightarrow 盐 + 水$$
例：$H_2SO_4 + 2NaOH == Na_2SO_4 + 2H_2O$

❷ 酸与活泼金属反应，生成盐和氢气。
$$酸 + 金属 \longrightarrow 盐 + 氢气$$
例：$2HCl + Mg == MgCl_2 + H_2 \uparrow$

❸ 酸与碳酸盐反应，生成盐、水和二氧化碳。
$$酸 + 碳酸盐 \longrightarrow 盐 + 水 + 二氧化碳$$
例：$2HNO_3 + CuCO_3 == Cu(NO_3)_2 + H_2O + CO_2 \uparrow$

酸的化学性质

 什么是碱？

在化学实验室中常用的碱有氢氧化钠（NaOH）、氢氧化钾（KOH）和氢氧化钙 $[Ca(OH)_2]$，可以发现，碱的化学式中通常含有"OH"，称之为氢氧根，这样我们就得到了碱的定义。

碱是一类由金属元素和氢氧根组成的化合物（$NH_3 \cdot H_2O$ 除外），在水中能电离出氢氧根离子（OH^-），碱能中和酸生成盐和水。

以氨水 (NH₃·H₂O) 为例：在水中电离出 OH⁻, 溶液呈碱性。

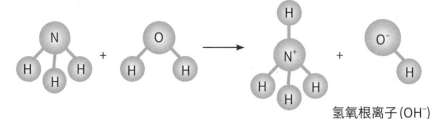

氢氧根离子 (OH⁻)

形成氢氧根离子

分类： 可按溶解性分为可溶性碱和难溶性碱
- 难溶性碱: $Fe(OH)_3$、$Cu(OH)_2$ 等
- 可溶性碱: KOH、NaOH、NH₃·H₂O 等

特性： 在有水的情况下，可溶性碱呈现出碱的通性

碱和可溶性碱

常见碱的用途

氢氧化钠
- 用于制造肥皂、洗涤剂、化肥和漂白剂

氨水
- 用于制造化肥、硝酸和除油剂
- 用于保持乳胶的液体形态

氢氧化钙
- 用于制造水泥、石灰水以及中和土壤的酸性

氢氧化镁
- 用于制造牙膏和胃药

氢氧化铝
- 用来制造胃药

碱有哪些化学性质?

前面介绍了碱的多种用途,那么它们有哪些化学性质吗?让我们了解一下吧!

• pH 大于 7
• 使指示剂变色
　(a) 使湿润的红色石蕊试纸变为蓝色
　(b) 使酚酞溶液变为红色
　(c) 使甲基橙变为黄色

可溶性碱的
化学性质

❶ 碱与酸反应,生成盐和水。
$$碱 + 酸 \longrightarrow 盐 + 水$$
例:$NaOH + HCl == NaCl + H_2O$

❷ 碱能与酸性氧化物(如二氧化碳、二氧化硫)发生反应生成盐和水。在实验中,这类反应常用于吸收多余的含二氧化碳或二氧化硫的尾气。
$$碱 + 酸性氧化物 \longrightarrow 盐 + 水$$
例:$Ca(OH)_2 + CO_2 == CaCO_3 \downarrow + H_2O$

❸ 碱和部分盐发生反应生成另一种盐和另一种碱。像这种两个化合物相互交换成分的反应叫做复分解反应。
$$碱 + 盐 \longrightarrow 新的碱 + 新的盐$$
例:$2NaOH + CuSO_4 == Cu(OH)_2 \downarrow + Na_2SO_4$

10.2 强酸、弱酸与强碱、弱碱

🧪 **如何比较溶液的酸碱性强弱？**

如何确定你所在地区的雨水是否属于酸雨？由于正常的雨水也呈酸性，如果仅仅利用酸碱指示剂无法区分正常的雨水和酸雨，因此我们需要一个物理量来客观地衡量溶液的酸碱性的强弱，这就是 **pH**。

> pH 是用来表示溶液酸碱性强弱的数值。

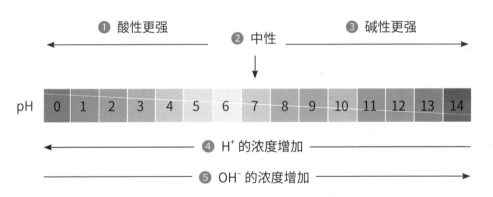

❶ 酸性更强　❷ 中性　❸ 碱性更强

pH 0 1 2 3 4 5 6 7 8 9 10 11 12 13 14

❹ H^+ 的浓度增加

❺ OH^- 的浓度增加

❶ pH 小于 7 表明是酸性溶液。

❷ pH 等于 7 表明是中性溶液。

❸ pH 大于 7 表明是碱性溶液。

❹ pH 越小，溶液中的 H^+ 的浓度就越大。

❺ pH 越大，溶液中的 OH^- 的浓度就越大。

一些常见物质的 pH 如下:

pH=1　浓盐酸、电池中使用的酸　　pH=2　胃酸

pH=3　柠檬汁、醋　　　　　　　　pH=4　橙汁、葡萄柚、苏打水

pH=5　黑咖啡、饮料　　　　　　　pH=6　唾液、尿液

pH=7　纯水　　　　　　　　　　　pH=8　海水

pH=9　小苏打　　　　　　　　　　pH=10　肥皂水

pH=11　氨水　　　　　　　　　　 pH=12　炉具清洁剂

pH=13　漂白剂　　　　　　　　　 pH=14　管道疏通剂

强酸和弱酸有什么不同?

学习化学前，很多人会觉得强酸就是酸性强的酸，弱酸就是酸性弱的酸。实际上，化学中通常不以酸性的强弱作为划分强酸和弱酸的依据，而是根据酸的电离程度进行区分。

强酸: 在水溶液中能完全电离出氢离子的酸。

弱酸: 在水溶液中不完全电离的酸。

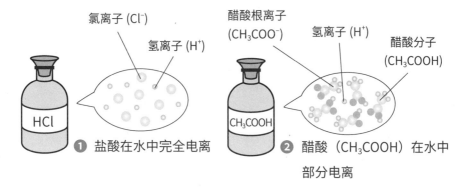

① 盐酸在水中完全电离　　　② 醋酸（CH_3COOH）在水中部分电离

❶ 盐酸是一种强酸。

- 溶解在水中的氯化氢分子完全电离成氢离子和氯离子。

$$HCl = H^+ + Cl^-$$

- 盐酸溶液中没有氯化氢分子。

❷ 醋酸是一种弱酸。

- 每 100 个醋酸分子中，只有 1 个在水中电离，产生氢离子和醋酸根离子。

$$CH_3COOH \rightleftharpoons H^+ + CH_3COO^-$$

- 溶液中仍存在醋酸分子，电离产生的氢离子和醋酸根离子能再次结合，形成醋酸分子。

🧪 强碱和弱碱有什么不同?

和酸类似，化学中以能否完全电离来划分强碱和弱碱。

强碱：在水溶液中能完全电离产生氢氧根离子的碱。

弱碱：在水溶液中不完全电离的碱。

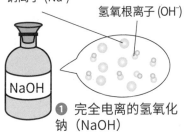

钠离子 (Na^+)
氢氧根离子 (OH^-)
❶ 完全电离的氢氧化钠（NaOH）

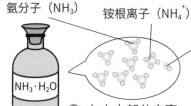

氨分子（NH_3）
铵根离子（NH_4^+）
氢氧根离子（OH^-）
❷ 在水中部分电离的一水合氨 ($NH_3·H_2O$)

❶ 氢氧化钠是一种强碱。

- 所有溶于水的氢氧化钠完全电离成钠离子和氢氧根离子。

$$NaOH = Na^+ + OH^-$$

❷ 一水合氨（$NH_3·H_2O$）是一种弱碱。

- 只有少量的一水合氨分子在水中电离，形成铵根离子和氢氧根离子。

$$NH_3 + H_2O \rightleftharpoons NH_4^+ + OH^-$$

- 溶液中仍存在一水合氨分子，电离产生的氢氧根离子和铵根离子再次结合，形成一水合氨分子。

10.3 酸碱中和反应

什么是中和反应?

如果将酸与碱混合，就会发生酸碱中和反应。中和反应的应用在日常生活中随处可见，比如被蚂蚁叮咬后（蚂蚁的唾液呈酸性），可以涂抹碱性的肥皂水止痒；使用了碱性的洗发水后涂抹弱酸性的护发素保护头发。下面是实验室中常见的两个酸碱**中和反应**。

中和反应是指酸和碱反应生成盐和水的反应。

$$HCl + NaOH == NaCl + H_2O$$

盐酸　　氢氧化钠　　　氯化钠　　水

$$H_2SO_4 + Cu(OH)_2 == CuSO_4 + 2H_2O$$

硫酸　　　氢氧化铜　　　硫酸铜　　水

中和反应在日常生活中的应用

土壤治理
- 消石灰（氢氧化钙）可用于中和土壤中多余的酸

工业
- 酸性污水在排放前要用消石灰处理

医药
- 胃酸（主要成分为盐酸）过多时，服用含有弱碱的胃药缓解不适

发生中和反应时溶液的 pH 如何变化?

我们将 50 mL 1 mol/L 的盐酸与相同浓度的氢氧化钠混合，发生中和反应，并使用传感器同步测定混合溶液的 pH。

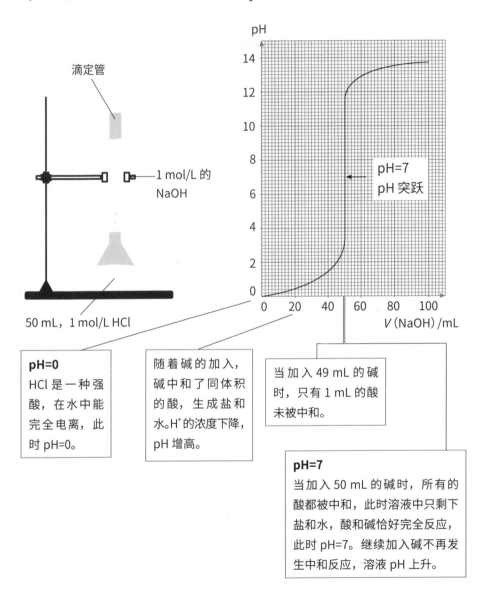

pH=0
HCl 是一种强酸，在水中能完全电离，此时 pH=0。

随着碱的加入，碱中和了同体积的酸，生成盐和水。H^+的浓度下降，pH 增高。

当加入 49 mL 的碱时，只有 1 mL 的酸未被中和。

pH=7
当加入 50 mL 的碱时，所有的酸都被中和，此时溶液中只剩下盐和水，酸和碱恰好完全反应，此时 pH=7。继续加入碱不再发生中和反应，溶液 pH 上升。

硫酸真的很可怕吗?

提到硫酸,大家脑海中会浮现出"强腐蚀性""危险"等关键词。初中化学阶段实验使用的硫酸基本为稀硫酸,只要正确操作,就不会被硫酸伤到。在生产生活中,硫酸有着广泛的用途。如下图所示,你会发现,它相当重要呢!

硫酸的用途

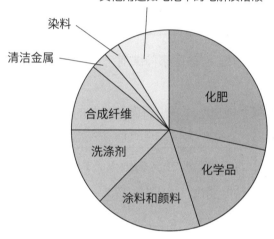

 **知识加油站**

· 硫酸可以去除大部分金属表面的氧化层,因此在工业中被广泛用于金属清洗。

· 硫酸是化肥生产中的重要原料,比如,硫酸铵化肥可由硫酸与氨气反应制得。

· 硫酸可以与很多有机化合物发生反应生成其他的化学产品。例如硫酸是甲苯和硝酸反应制取三硝基甲苯的重要催化剂,这种物质被广泛应用在爆破和火药的制造中。

1. 在学校的科技节活动中，小明同学用如图所示的装置给大家表演了一个趣味小魔术"铁树开花"，他选用酚酞溶液、浓氨水（易挥发）作为魔术的试剂。实验时小棉花团真的变成了美丽的"花"。

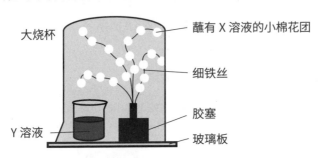

大烧杯　蘸有 X 溶液的小棉花团
细铁丝
胶塞
Y 溶液　玻璃板

（1）小明的魔术中 Y 溶液是哪种试剂？_____。"铁树"上开出的"花"是什么颜色的？_____。

（2）请你解释"铁树"能开出有颜色的花的原因：_____
_____。

（3）若将图中的 Y 液体加热，再放入大烧杯中，而其他条件均相同，发现"铁树开花"的速度变快，原因是_____
_____。

2. 抗酸药片可以中和胃里过多的胃酸（主要成分为盐酸）。小聪调查抗酸药片的成分表后发现其主要含有碳酸钙和氢氧化镁两种物质。小聪想要知道这种药片需要多久能完全中和盐酸，做了一系列的实验。实验数据记录在下表中。

序号	混合体积		反应温度	完全反应所需的时间 /min	
	盐酸	水		捣碎的药片	未捣碎的药片
1	10	50	19	34	39
2	20	40	20	28	33
3	30	30	28	18	24
4	30	30	20	24	28
5	20	40	19	28	32
6	10	50	29	28	32

（1）请你解释，为什么抗酸药片可以中和胃酸？_____
_____。

（2）根据表格中的数据，请写出 2 种能使药品更快地与盐酸发生反应的方法： _____ 。

（3）小聪认为氢氧化钠也是碱，也能与胃酸发生反应，因此可以代替抗酸药片中的氢氧化镁。你认为小聪的想法正确吗？ _____。请说出你的理由：

_____ 。

11.1 盐的分类与用途

 什么是盐?

前面提到，酸与碱反应会生成盐。这个"**盐**"可不是我们用于食物调味的盐，而是指一类化学物质。

盐可以看成酸中的氢元素被金属元素（或铵根）取代后的产物。

常见盐类

盐酸盐	硫酸盐	硝酸盐	碳酸盐	磷酸盐
KCl,NaCl, ZnCl$_2$,CuCl$_2$, PbCl$_2$,NH$_4$Cl	K$_2$SO$_4$,Na$_2$SO$_4$, CaSO$_4$,CuSO$_4$, FeSO$_4$,(NH$_4$)$_2$SO$_4$	KNO$_3$, Mg(NO$_3$)$_2$, Al(NO$_3$)$_3$, NH$_4$NO$_3$	K$_2$CO$_3$,Na$_2$CO$_3$, CaCO$_3$,MgCO$_3$, ZnCO$_3$,PbCO$_3$	Na$_3$PO$_4$, Ca$_3$(PO$_4$)$_2$, Mg$_3$(PO$_4$)$_2$

盐类在日常生活中的用途

摄影	食品防腐	医疗	化肥	烹饪食物	化工业
银盐	亚硝酸钠、苯甲酸钠、氯化钠、硝酸钠、亚硝酸钾、硝酸钾	二水合硫酸钙（石膏）、七水合硫酸亚铁（贫血症铁丸）、七水合硫酸镁（泻盐）、十水合硫酸钠（芒硝）、硫酸钡、高锰酸钾	硫酸铵、硝酸铵、磷酸铵、硝酸钾和硝酸钠	谷氨酸钠、氯化钠、碳酸氢钠	次氯酸钠（漂白剂和消毒剂），氟化亚锡（用于牙膏和水的氟化）

 盐的物理性质都相同吗？

不同种类的盐的颜色、溶解性等物理性质各不相同。我们可以根据盐的溶解性将它们分为可溶性盐和难溶性盐。下图列出了一些常见盐类的溶解性。

盐在水中的溶解性

钾盐、钠盐和铵盐	硝酸盐	盐酸盐	硫酸盐	碳酸盐
• 都可溶解于水	• 都可溶解于水	• 除了氯化银（$AgCl$）和氯化亚汞（Hg_2Cl_2）难溶于水，氯化铅（$PbCl_2$）微溶于水之外，其他盐酸盐都可溶于水	• 除了硫酸铅（$PbSO_4$）、硫酸钡（$BaSO_4$）难溶于水，硫酸钙（$CaSO_4$）、硫酸银（Ag_2SO_4）和硫酸亚汞（Hg_2SO_4）微溶于水之外，其他硫酸盐都可溶于水	• 除了碳酸钠（Na_2CO_3）、碳酸钾（K_2CO_3）和碳酸铵（$NH_4)_2CO_3$）溶于水，碳酸镁（$MgCO_3$）微溶于水之外，其他碳酸盐都难溶于水

化学实验室的药品柜中五颜六色的溶液是什么？

如果你进入化学实验室，一定会被药品柜中五颜六色的溶液所吸引。这些溶液是由不同的盐溶于水后配制而成的，有些盐本身也会有特殊的颜色，我们常利用盐类特殊的颜色来鉴别溶液成分。

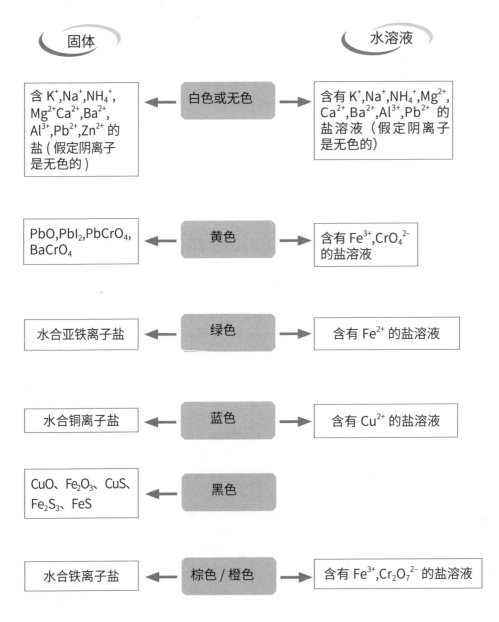

固体　　　　　　　　　　　　　**水溶液**

固体	颜色	水溶液
含 K^+,Na^+,NH_4^+, Mg^{2+} Ca^{2+},Ba^{2+}, Al^{3+},Pb^{2+},Zn^{2+} 的盐（假定阴离子是无色的）	白色或无色	含有 K^+,Na^+,NH_4^+,Mg^{2+}, Ca^{2+},Ba^{2+},Al^{3+},Pb^{2+} 的盐溶液（假定阴离子是无色的）
PbO,PbI_2,$PbCrO_4$, $BaCrO_4$	黄色	含有 Fe^{3+},CrO_4^{2-} 的盐溶液
水合亚铁离子盐	绿色	含有 Fe^{2+} 的盐溶液
水合铜离子盐	蓝色	含有 Cu^{2+} 的盐溶液
CuO、Fe_2O_3、CuS、 Fe_2S_3、FeS	黑色	
水合铁离子盐	棕色/橙色	含有 Fe^{3+},$Cr_2O_7^{2-}$ 的盐溶液

11.2 物质的检验

如何鉴别不同的盐类？

首先我们可以通过盐溶液的颜色来鉴别不同种类的盐，对于颜色相同或无色的盐类，可以进一步通过化学方法来鉴别，一般可以使之形成我们能观察到的沉淀或气体来区分。下面是一些常见阴离子的检验方法。

常见阴离子的检验

碳酸根离子 (CO_3^{2-})	氯离子 (Cl^-)	硫酸根离子 (SO_4^{2-})	氢氧根离子 (OH^-)	碘离子 (I^-)

   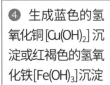

❶ 生成二氧化碳气体，使澄清的石灰水变浑浊	❷ 生成白色的氯化银 (AgCl) 沉淀	❸ 生成白色的硫酸钡 ($BaSO_4$) 沉淀	❹ 生成蓝色的氢氧化铜 [$Cu(OH)_2$] 沉淀或红褐色的氢氧化铁[$Fe(OH)_3$]沉淀	❺ 生成黄色的碘化银 (AgI) 沉淀

❶
- 将适量含有 CO_3^{2-} 的水溶液倒入试管。
- 加入适量稀盐酸。
- 生成的二氧化碳与澄清的石灰水反应生成碳酸钙（$CaCO_3$）沉淀，从而石灰水变浑浊。

❷
- 将适量含有 Cl^- 的水溶液倒入试管。
- 加入适量硝酸银（$AgNO_3$）溶液。
- 加入适量稀硝酸。

❸
- 将适量含有 SO_4^{2-} 的水溶液倒入试管。

- 加入适量稀盐酸。
- 加入适量氯化钡（$BaCl_2$）溶液。

❹
- 将适量的含有 OH^- 的水溶液倒入试管。
- 向溶液中滴加氯化铜（$CuCl_2$）溶液或氯化铁（$FeCl_3$）溶液。
- 生成蓝色的氢氧化铜沉淀或红褐色的氢氧化铁沉淀。

❺
- 将适量含有 I^- 的水溶液倒入试管。
- 加入适量硝酸银溶液。
- 加入适量稀硝酸。

前面介绍了通过检验盐的阴离子来鉴别盐的方法，但是有些盐类的阴离子是相同的，比如氯化铝（$AlCl_3$）和氯化镁（$MgCl_2$），这种情况下，可以检验盐中的阳离子。

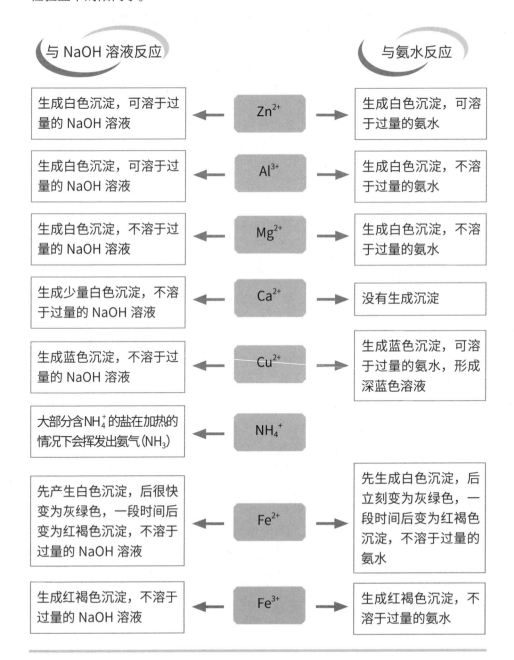

与 NaOH 溶液反应

| | 与氨水反应 |

生成白色沉淀，可溶于过量的 NaOH 溶液	← Zn^{2+} →	生成白色沉淀，可溶于过量的氨水
生成白色沉淀，可溶于过量的 NaOH 溶液	← Al^{3+} →	生成白色沉淀，不溶于过量的氨水
生成白色沉淀，不溶于过量的 NaOH 溶液	← Mg^{2+} →	生成白色沉淀，不溶于过量的氨水
生成少量白色沉淀，不溶于过量的 NaOH 溶液	← Ca^{2+} →	没有生成沉淀
生成蓝色沉淀，不溶于过量的 NaOH 溶液	← Cu^{2+} →	生成蓝色沉淀，可溶于过量的氨水，形成深蓝色溶液
大部分含 NH_4^+ 的盐在加热的情况下会挥发出氨气（NH_3）	← NH_4^+	
先产生白色沉淀，后很快变为灰绿色，一段时间后变为红褐色沉淀，不溶于过量的 NaOH 溶液	← Fe^{2+} →	先生成白色沉淀，后立刻变为灰绿色，一段时间后变为红褐色沉淀，不溶于过量的氨水
生成红褐色沉淀，不溶于过量的 NaOH 溶液	← Fe^{3+} →	生成红褐色沉淀，不溶于过量的氨水

如何检验气体?

气体的检验与测定同样很重要，日常生活中，无论是天气预报中污染性气体含量的测定，还是种植农作物时对二氧化碳浓度的检测，都涉及气体的检验。下面列举了一些常见气体的性质，我们可以根据它们的性质选择合适的检验方法。

氢气（H_2）
- 无色
- 无味
- 不能使湿润的石蕊试纸变色

氧气（O_2）
- 无色
- 无味
- 不能使湿润的石蕊试纸变色

二氧化碳（CO_2）
- 无色
- 无味
- 能使澄清石灰水变浑浊

氯气（Cl_2）
- 黄绿色
- 有毒
- 能使湿润的蓝色石蕊试纸先变成红色，然后又变成白色

 气体的性质

氨气（NH_3）
- 无色
- 刺激性
- 能使湿润的红色石蕊试纸变成蓝色
- 遇到 HCl 气体时生成白烟

二氧化硫（SO_2）
- 无色
- 刺激性
- 能使湿润的蓝色石蕊试纸变成红色
- 能使品红褪色
- 具有还原性，能与强氧化剂（如酸性高锰酸）反应

水蒸气（H_2O）
- 无色
- 无味
- 能使无水硫酸铜变蓝

氯化氢（HCl）
- 无色
- 刺激性
- 能使湿润的蓝色石蕊试纸变成红色
- 遇到 NH_3 时生成白烟

让我们跟着下面的步骤，检验实验室中常见的气体吧！

氢气（H₂）
- 把点燃的木条放在装满氢气的试管口附近时，会发出"噗"的响声

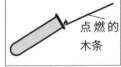

点燃的木条

氧气（O₂）
- 使带火星的木条复燃

带火星的木条

二氧化碳（CO₂）
- 使石灰水变浑浊

石灰水

氯气（Cl₂）
- 使湿润的蓝色石蕊试纸变红，然后又变成白色

湿润的蓝色石蕊试纸

气体的检验

水蒸气（H₂O）
- 使白色的无水硫酸铜变为蓝色

二氧化硫 (SO₂)
- 能使紫色的酸性高锰酸钾溶液褪色或橙色的酸性重铬酸钾溶液变为绿色

氨气（NH₃）
- 用浓盐酸检验时形成白烟
- 使湿润的红色石蕊试纸变成蓝色

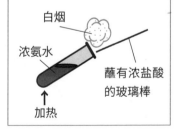

白烟

浓氨水

蘸有浓盐酸的玻璃棒

加热

氯化氢（HCl）
- 用浓氨水溶液检验时形成白烟

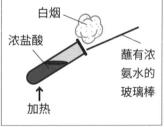

白烟

浓盐酸

蘸有浓氨水的玻璃棒

加热

11.3 常见盐的制备

 如何制备常见的可溶性盐?

无论是化工生产、科学研究还是探索学习，我们都需要掌握常见盐的制备，这是实验室里的必备技能。下面让我们来学习如何制备一些常见的可溶性盐。

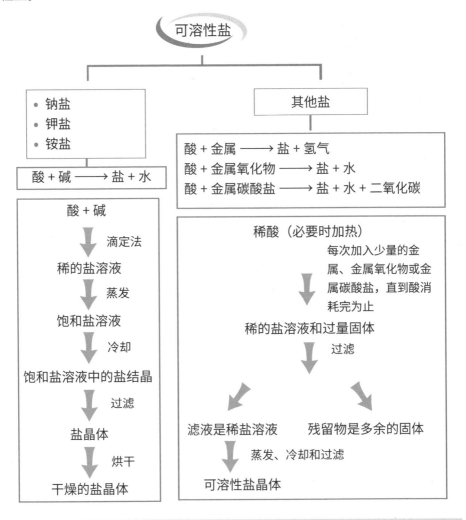

可溶性钠盐、钾盐和铵盐的制备

• 以 NaCl 为例：

酚酞溶液

指示剂变红

氢氧化钠溶液

❶ 用移液管量取 25 mLNaOH 溶液，并将其倒入锥形瓶中。然后加入 2 滴酚酞溶液，指示剂变红。

用滴定管加入盐酸

溶液仍为红色

❷ 用滴定管逐滴加入盐酸，轻轻摇动锥形瓶，使酸碱充分混合。

再加 1 滴盐酸溶液，红色突然消失

❸ 所有的碱都被中和后，指示剂变成无色，且半分钟不变色表明此时溶液为中性，不需要再加酸。

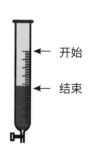

开始

结束

❹ 读出滴定管上的刻度变化，确定中和 25 mL 碱所需的酸的体积。

用滴定管加入盐酸

无色溶液（无指示剂）

❺ 根据前述实验计算出大量制备该盐所需的酸的体积，再在没有指示剂的情况下进行滴定操作。

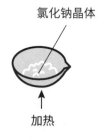

氯化钠晶体

加热

❻ 将锥形瓶中的溶液倒入蒸发皿中加热蒸发，析出干燥的氯化钠晶体。

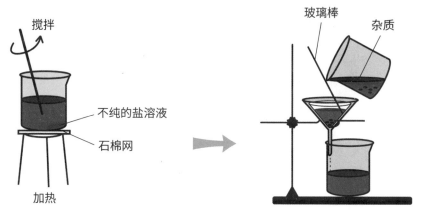

搅拌

不纯的盐溶液

石棉网

加热

❶ 将有杂质的盐溶液倒入烧杯，加入少量蒸馏水（覆盖晶体），边搅拌边加热混合物。逐渐加入更多蒸馏水，直到所有晶体都溶解。

玻璃棒　　　杂质

❷ 过滤混合液，将滤液收集到一个干净的烧杯中。

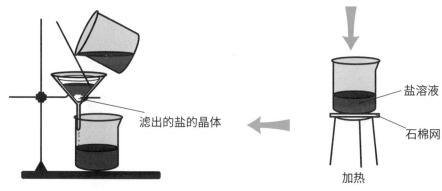

滤出的盐的晶体

盐溶液

石棉网

加热

❹ 过滤溶液得到纯净的盐晶体，用少量蒸馏水冲洗，并置于滤纸上干燥。

❸ 蒸发滤液，直到形成饱和溶液。将饱和溶液冷却结晶。

所得晶体的物理性质：

• 有固定的几何形状。

• 表面平坦，边缘笔直、锋利。

• 相邻的两个表面之间成固定角度。

• 同一物质的晶体形状相同，但大小不同。

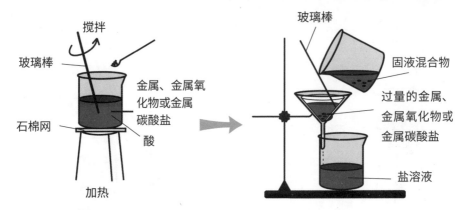

① 将酸倒入烧杯中并加热。用药匙每次取少量金属、金属氧化物或金属碳酸盐粉末加入热的酸溶液中，同时不停搅拌玻璃棒，直到固体不再溶解。

② 过滤固液混合物以除去过量的金属、金属氧化物或金属碳酸盐粉末。

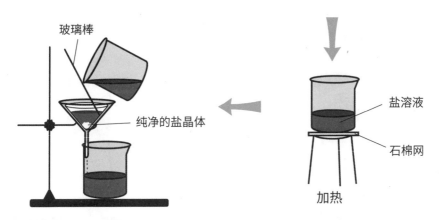

④ 过滤溶液得到纯净的盐晶体，用少量蒸馏水冲洗，并置于滤纸上干燥。

③ 蒸发滤液，直至形成饱和溶液。将饱和溶液冷却结晶。

通过沉淀反应制备难溶性盐

硫酸钡 (BaSO₄) 的制备

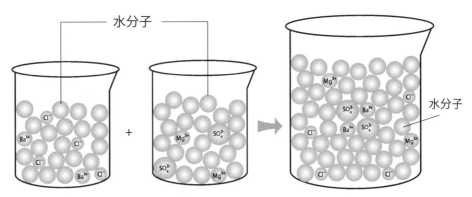

氯化钡溶液（BaCl₂）中含有钡离子（Ba^{2+}）和氯离子（Cl^-）。

硫酸镁溶液（MgSO₄）含有镁离子（Mg^{2+}）和硫酸根离子（SO_4^{2-}）。

两种溶液混合时，Ba^{2+} 和 SO_4^{2-} 发生反应。因此，溶液中出现硫酸钡（BaSO₄）沉淀。将沉淀过滤，洗净并干燥。

 ## 如何选择特定盐的制备方法？

前面介绍了几种常见盐类的制备方法，让我们来总结一下如何针对不同的盐选择最合适的制备方法吧！

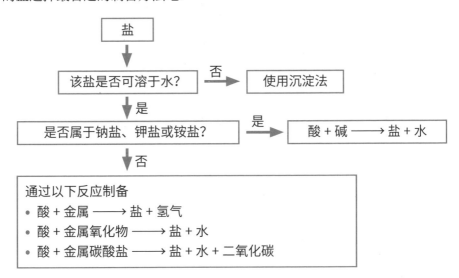

人们往往在制作面团时会加入一定量的食用碱，食用碱的主要成分为碳酸钠（Na_2CO_3），用来防止发酵的面团有酸味，从而使面食的风味更佳。这是因为在使用含有乳酸菌的"老面"进行发酵的过程中，往往会产生一些酸性物质，碳酸钠的碱性正好可以中和这些酸性物质。与此同时，食用碱与酸反应产生的二氧化碳，会在面团中留下许多气孔，使制作的面食更加蓬松柔软。

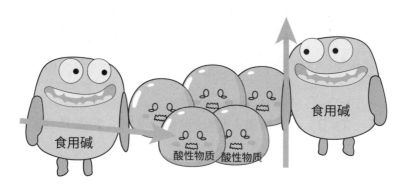

除此之外，食用碱还可以用来清洗灶具、灶台上的油污，这是由于食用碱会与油污发生皂化反应。与此同时，食用碱的碱性可以促进油脂的水解，增加去污能力。

根据以上资料，回答下列问题：

（1）食用碱的水溶液显_____性，食用碱属于____（选填"酸""碱"或"盐"）。

（2）小虎不慎食用了少量食用碱，妈妈告诉他不要紧，这是因为少量食用碱会与胃酸发生反应。请你用化学方程式说明妈妈的理由：＿＿＿＿＿＿＿＿＿

＿＿＿＿＿＿＿＿＿＿＿＿＿＿＿＿＿＿＿＿＿＿＿＿＿＿＿＿＿＿＿＿＿。

（3）小虎在家中发现两包白色固体，其中一包是食盐，另一包是食用碱，请你设计实验帮助小虎鉴别这两包白色固体：＿＿＿＿＿＿＿＿＿＿＿＿＿

＿＿＿＿＿＿＿＿＿＿＿＿＿＿＿＿＿＿＿＿＿＿＿＿＿＿＿＿＿＿＿＿＿。

学以致用参考答案

第1章　走进神秘的化学世界

(1) 蒸煮和发酵是化学变化，因为有新物质生成。

(2) 蒸馏是物理变化，因为没有新物质生成。

(3) 133　提示：350×38%=133（mL）。

第2章　常见的实验操作

(1) 难溶性　烧杯　漏斗　滤纸

(2) 蒸发　饱和

第3章　揭秘物质的构成

(1) 碳12

(2) 6　8　6　14

(3) 分子间距不同，或分子运动速率不同，或分子间作用力发生改变

(4) 17910　提示：降为原来的 $\frac{1}{8}$，$\frac{1}{8}=\frac{1}{2}\times\frac{1}{2}\times\frac{1}{2}$，即经过了3个5730年，所以推测已经过去 5730×3=17910（年）。

第4章　化学语言大揭秘

1. (1) SiO_2

(2) $2AgCl \xrightarrow{\text{光照}} 2Ag+Cl_2\uparrow$

(3) 在光照的作用下，氯化银分解，生成了银和氯气，有新物质生成，因此

是化学反应。

2.（1）Fe_2O_3　CO_2

（2）$2H_2+O_2 \xrightarrow{\text{点燃}} 2H_2O$

第 5 章　化学反应中的能量变化

（1）热

（2）$4Fe+6H_2O+3O_2 \xrightarrow{\quad\quad} 4Fe(OH)_3$

（3）B　这是一个放热反应，生成物的能量比反应物的能量低

第 6 章　空气组成的奥秘

（1）制冷剂　物理　仅物质的状态发生变化，无新物质生成

（2）$Cl+O_3 \xrightarrow{\quad\quad} ClO+O_2$

（3）使用氟利昂替代品（合理即可）

第 7 章　溶液的世界

（1）丙二醇

（2）C_2H_5OH　易溶

（3）溶解

第 8 章　自然界中的碳单质

（1）B

（2）化学

（3）碳原子的排列方式不同　构成物质的分子不同

第 9 章　金属

（1）①氢气　②"银色金属" > "金色金属" > "红色金属"　③镁带表面有"红色金属"析出

（2）①铜　②"红色金属"不与酸发生反应，化学性质比较稳定，可以用作铜的替代品，用作建筑或工业原料

第 10 章　酸与碱

1.（1）浓氨水　红色

（2）氨水具有挥发性和碱性，挥发的氨水遇到酸碱指示剂酚酞，使酚酞变红，所以开出了红色的"花"

（3）氨水加热后，挥发的速度更快，更快接触到酚酞溶液，所以"开花"的速度变快了

2.（1）胃酸会与药片中的氢氧化镁和碳酸钙发生化学反应，起到中和胃酸的效果

（2）将药片捣碎，或使用热水服用药片（合理即可）

（3）不正确　氢氧化镁为弱碱，氢氧化钠为强碱，氢氧化钠的碱性过强，会腐蚀人体组织

第 11 章　认识盐

（1）碱　盐

（2）$Na_2CO_3 + 2HCl \rule[0.5ex]{1.5em}{0.4pt} NaCl + H_2O + CO_2 \uparrow$

（3）取两支装有相同体积、相同浓度的稀盐酸的试管，分别加入两种白色粉末，产生气泡的为碳酸钠，没有任何实验现象的为食盐氯化钠